四旋翼无人机 的 制作与飞行

戴凤智　王璇　马文飞　编

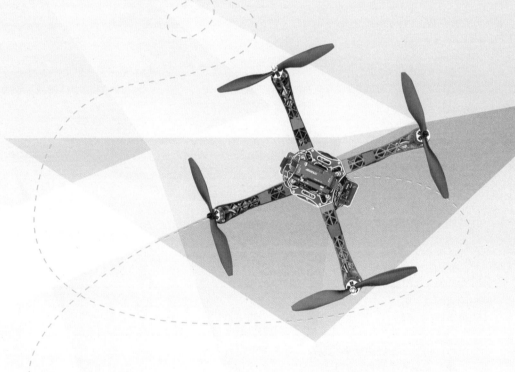

化学工业出版社

·北京·

图书在版编目（CIP）数据

四旋翼无人机的制作与飞行/戴凤智，王璇，马文飞编．—北京：化学工业出版社，2018.9（2025.5重印）
ISBN 978-7-122-32572-3

Ⅰ．①四… Ⅱ．①戴…②王…③马… Ⅲ．①旋翼机-无人驾驶飞机-制作②旋翼机-无人驾驶飞机-飞行控制 Ⅳ．①V279

中国版本图书馆CIP数据核字（2018）第147215号

责任编辑：宋　辉　　　　　　　　　　　装帧设计：王晓宇
责任校对：边　涛

出版发行：化学工业出版社（北京市东城区青年湖南街13号　邮政编码100011）
印　　装：北京瑞禾彩色印刷有限公司
710mm×1000mm　1/16　印张10½　字数148千字　2025年5月北京第1版第11次印刷

购书咨询：010-64518888　　　　　　　售后服务：010-64518899
网　　址：http://www.cip.com.cn
凡购买本书，如有缺损质量问题，本社销售中心负责调换。

定　　价：48.00元　　　　　　　　　　　　　　版权所有　违者必究

前言
FOREWORD

　　天津科技大学戴凤智人工智能与机器人团队从2014年起，与化学工业出版社合作，以每年一本书的速度陆续出版了《机器人制作轻松入门》《Arduino轻松入门》《机器人设计与制作》《用MATLAB玩转机器人》。从众多读者的反馈可以看出，大家对机器人已经从好奇发展到了动手制作，这让我们深感振奋。而随着民用化程度的不断深入，无人机更是飞入了大众的视野，让越来越多的电子发烧友实现自己的飞行梦。

　　作为无人机爱好者，有些人可能并不希望直接购买无人机，而是希望通过学习无人机的相关知识后亲手制作一台无人机。这就要面对如下的问题：无人机由什么组成，如何选择无人机的各种零件，如何组装一台无人机，如何调试无人机，如何操作无人机飞行，等等。

　　开始制作无人机之前，仔细选择各种零件非常重要，如果选择不当，在后面的组装和调试中很容易出现问题。比如，你可能会发现所选电调的插头不能与电机匹配、电机的参数不能满足无人机的工作要求、所选遥控器的控制通道数不足等。所以，在准备组装你的"战机"之前，需要对无人机有一个比较全面的了解，对选用的器件心中有数。

　　本书就是帮助读者解决以上问题的。全书共分5章，内容和整体结构安排如下。

　　第1章介绍了飞行器，特别是无人机的发展历史、无人机的分类以及无人机的应用领域，以激发读者的阅读兴趣，让读者能够更好地了解和学习无人机制作。

　　第2、第3章先后介绍了无人机的飞行原理、硬件组成、硬件配置以及无人机的组装和调试。通过这两章的学习使读者能够学会如何

四旋翼无人机的
制作与飞行

选择和搭配无人机的各种零部件，学会怎样组装和调试无人机。

第4、第5章介绍了无人机的飞行操作及无人机在使用过程中所遇到问题的解决方法。安排这两章的目的是让读者逐步学会无人机飞行的操作方法和解决无人机使用过程中可能遇到问题。这两章也可以作为资料随时供玩家查阅参考。

为方便读者学习，本书配套了演示视频，读者通过扫描书中相应二维码可获取详细的无人机制作、试飞视频教程，让学习变得更加深入、更有乐趣。

另外，扫描本书前言中的二维码，读者还可以获得APM全部参数表。

本书在编写和修改过程中，得到了天津市科技支撑计划项目（14ZCZDSY00010），天津市教委和教改项目（20120831，20140710，171005704B）的支持。本书内容在本人负责的"培养以'教学-竞赛-科研'为支撑的'人工智能'新形势下的创新型人才"项目中进行了实验验证。

在书籍的编写和修改过程中，特别感谢天津科技大学的孟宇对本书的指导和帮助，同时感谢龚彩霞、马赛飞、刘东鹏、卢建、刘前程、史越、陈超、江涛、张迎、欧雪、顾宗亮等对本书提出的宝贵建议和帮助。天津浩芝蓝机器人科技有限公司和天津天科智造科技有限公司提供了技术支持，在此一并表示感谢。

如果您对本书在编写和内容方面有什么疑问，可以发邮件到daifz@163.com联系我们。如果您需要提供无人机制作和飞行控制上的技术支持，可以发邮件到1123372732@qq.com获得帮助。

由于我们水平有限，书中难免存在不足，敬请各位读者批评指正。

编者

目 录 Contents

目录 Contents

第 3 章　操作——四旋翼无人机的安装及调试 / 48

目录 Contents

第 4 章　实验——四旋翼无人机的试飞 / 127

目录

Contents

第 5 章 解惑——四旋翼无人机常见
问题及解决方法 / 141

第1章
初见——
认识无人机

1.1 飞行器发展简史

1.1.1 飞行器的诞生

人类很早就有像鸟类一样在空中飞行的理想。2000多年前中国人发明的风筝（图1-1），虽然不能把人带上天空，但它是世界上最早的飞行器。还有中国的孔明灯，古希腊的阿尔希塔斯所制造的机械鸽、澳大利亚的飞去来器都表现出人类强烈的飞天愿望及为之付出的不懈努力。

现代飞行器的发展，得益于18世纪第一次工业革命带来的科学

图1-1 风筝

和技术的巨大飞跃。随着内燃机的发明和广泛应用，人类在空中的飞行梦想也逐渐成为可能。美国的莱特兄弟率先在美国制造出能够飞行的"飞行者"1号（图1-2），完成了重于空气的航空器第一次持继可控的动力飞行。随后，飞机及其相关的科学和技术得到了飞速发展。

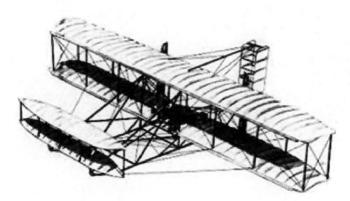

图1-2　莱特兄弟制造的第一架飞机——"飞行者"1号

1.1.2　飞行器的定义及分类

飞行器是由人类制造、能飞离地面、在空间飞行并由人来控制的在大气层内或大气层外空间（太空）飞行的机械飞行物。

飞行器具体分为5类：航空器、航天器、火箭、导弹和制导武器，如表1-1所示。

表1-1　飞行器分类

名称	特点	飞行原理	分类
航空器	在大气层内飞行	靠空气的静浮力或飞行器与空气相对运动产生的空气动力升空飞行	可划分为两大类：①是轻于空气的航空器，如气球和飞艇。②是重于空气的航空器，如固定翼航空器、旋翼航空器、扑翼机、倾转旋翼机。固定翼航空器又细分为滑翔机及飞机。旋翼航空器又细分为直升机及自转旋翼机

续表

名称	特点	飞行原理	分类
航天器	在外太空飞行	在运载火箭的推动下获得一定的速度得以进入太空，然后在引力作用下完成轨道运动	按照应用领域具体分为军用航天器、民用航天器和军民两用航天器。 这三种航天器又都可以分为无人航天器和载人航天器。无人航天器分为人造地球卫星、空间探测器和货运飞船。载人航天器分为载人飞船、空间站和航天飞机、空天飞机等
火箭	以火箭发动机为动力	是以热气流高速向后喷出，利用产生的反作用力向前运动的喷气推进装置。它自身携带燃烧剂与氧化剂，不依赖空气中的氧助燃，既可在大气中，又可在外层空间飞行	① 按能源不同，分为化学火箭、核火箭、电火箭以及光子火箭等。化学火箭又分为液体推进剂火箭、固体推进剂火箭和固液混合推进剂火箭。②按用途不同分为卫星运载火箭、布雷火箭、气象火箭、防雹火箭以及各类军用火箭等。③按有无控制分为有控火箭和无控火箭。④按级数分为单级火箭和多级火箭。⑤按射程分为近程火箭、中程火箭和远程火箭等
导弹	是一种携带战斗部，依靠自身动力装置推进，由制导系统导引控制飞行航迹的飞行器	导弹推进系统为导弹提供推力，通常分为火箭发动机和吸气喷气发动机两大类。前者同火箭的飞行原理，后者是利用燃料燃烧时产生的气体高速喷射而产生动力	主要有在大气层外飞行的弹道导弹和装有翼面在大气层内飞行的地空导弹、巡航导弹等。 ①按作战任务分为：战略导弹、战术导弹。②按射程分为：近程导弹、中程导弹、远程导弹、洲际导弹。③按弹道特性分为：弹道导弹、飞航式导弹。④按发射点和目标位置分为：地面、空中、舰艇（水面）、潜艇（水下）。因此，导弹又可分为地对地、地对空、岸对舰、空对地、空对空、空对舰导弹等

续表

名称	特点	飞行原理	分类
制导武器	精确制导武器,是以微电子、电子计算机和光电转换技术为核心的,以自动化技术为基础发展起来的高新技术武器,它是按一定规律控制武器的飞行方向、姿态、高度和速度,引导战斗部准确攻击目标的各类武器的统称	导弹推进系统为导弹提供推力,通常分为火箭发动机和吸气喷气发动机两大类。前者同火箭的飞行原理,后者是利用燃料燃烧时产生的气体高速喷射而产生动力	如末敏弹、制导炮弹等。精确制导武器从总体上可以分为两大类:①导弹。②精确制导弹药(可分为末制导弹药和末敏弹药)。末制导弹药通常分为制导炸弹、制导炮弹、制导鱼雷三种。末敏弹药主要包括制导地雷等

1.1.3 飞行器的发展

正在到来的第四次工业革命使人类进入"无人机时代"。无人机的发展始于军事领域。20世纪60年代,美国军方率先使用无人机进行运输、侦查、攻击等。之后,无人机被许多国家运用并且不断创新发展。目前,我国的军用无人机在技术上已经能够通过遥控准确无误地击中目标。

无人机由军用进入民用领域后,用途十分广泛。地质勘探、电网巡检、交通流量统计、大气污染检测等,都可以借助无人机完成。灾害发生时,无人机可快速飞至救灾人员无法抵达的现场实施救援。

近年来,随着纳米、仿生机器人技术的突飞猛进,出现了外形似鸟或昆虫的微型无人机,如纳米蜻蜓无人机,翼展仅5cm,可从窗户飞进飞出。也许数年之后,停在你书房角落里的一个蜘蛛,飞行的一只苍蝇,或者一只小鸟,正是一架微型的仿生无人机!

无人机的时代正在到来,它会走向何方?这不单是政府应该思考的问题,也是所有人应该思考的问题。

就飞行器而言,空天飞行器(Aerospace Vehicle)是航空航天飞行器的简称,它将是未来飞行器发展的重点。

从商业意义来看,发展空天飞行器可以大幅降低空天之间的运输费用。据估计，空天飞行器的运输费用至少可以降到航天飞机的1/5，甚至可降到1%。实现途径有以下三点。

① 充分利用大气层中的氧，以减少飞行器携带的氧化剂，从而减轻起飞质量；

② 整个飞行器全部重复使用，除消耗推进剂外不抛弃任何部件；

③ 水平起飞，水平降落，简化起飞（发射）和降落（返回）所需的场地设施和操作程序，不受发射窗口限制，减少维修费用和管理调度成本。

空天飞行器不仅可以向空间站等空间系统补充人员、物资、燃料，提供在轨服务，把空间站内制成的产品运回地球，还可以搭载乘客进行太空旅行，方便快捷地到达世界的任何地方。此外，空天飞行器还可以对自然灾害进行快速响应。

在军事意义上，空天飞行器可以在大气层内外自由飞行，可以发展成一种全新的航空航天轰炸机、战斗机和运输机，它能在 1 ～ 2 小时内突破任何地面防御系统，从空间对陆、海、空目标实施精确打击，而且，空天飞行器可以长期在太空部署，可以对敌方的卫星、宇宙飞船，甚至太空站实施打击。此外，只要装备一套简单的机械手，空天飞行器就能将敌方卫星俘获；而装备导弹后，空天飞行器就能成为标准的太空战机。

1.2 无人机简介

1.2.1 军用无人机

（1）诞生

军用无人机的诞生可以追溯到1914年。当时第一次世界大战正进行得如火如荼，英国的卡德尔和皮切尔两位将军向英国军事航空学会提出了一项建议：研制一种不用人驾驶，而用无线电操纵的小型飞机，使它能够飞到敌方某一目标区上空，将事先装在小飞机上的炸弹投下去。这种大胆的设想立即得到当时英国军事航空学会理事长戴·亨德森爵士赏识。他指定由A.M.洛教授带队进行研制。1917年3月，在第一次世界大战临近结束之际，世界上第一架无人驾驶飞机在英国皇家飞行训练学校进行了第一次飞行试验。可是飞机刚起飞不久，发动机突然熄火，飞机因失速而坠毁，但A.M.洛教授并没有灰心，继续进行着无人机的研制。10年后，他终于取得成功。1927年，由A.M.洛教授参与研制的"喉"式单翼无人机在英国海军"堡垒"号军舰上成功地进行了试飞。该机载有113公斤（kg）炸弹，以每小时322公里的速度飞行了480公里。"喉"式无人机的问世在当时曾引起极大的轰动。

随着高新技术在武器装备上的广泛应用，无人机的研制取得了突破性的进展，并在几场局部战争中频频亮相，屡立战功，受到各国军界人士的高度赞誉。可以预言：在21世纪战场上，人们将面临日益增多的无人机，军用无人机将会重塑21世纪的作战模式。

（2）特点

军用无人机作为现代空中军事力量中的一员，具有无人员伤亡、使用限制少、隐蔽性好、效费比高等特点，在现代战争中的地位和作用日渐突出。

（3）区别

军用无人机要注意下面四个问题：首先是解决电磁散逸问题。因为无人机主要是通过无线电传输指令，消费级无人机的指令在传输时很容易被附近的敌方电子系统探测到，相当于无人机刚起飞或抵达目标上空，对手就立刻知道了，失去了无人机隐蔽接敌的意义。

其次，在航行时间上，消费级无人机与军用无人机也存在差距。军用无人机要比消费级无人机的航行时间长，因为一般侦察距离会比较长。

第三是大载荷能力。军用无人机目前最主要的使用领域是侦察和监测、测绘，无论搭载的是光电还是红外设备，这类电子吊舱重量通常在数公斤以上，远超消费级无人机的有效携带能力。

第四是保密通信问题。为防止与后方的通信链路被截断或监听，军用无人机需要装备加密电台，它的尺寸、功耗和重量也都相当可观。在执行攻击任务时，更需要连续与后方保持通信。最关键的是，在现代作战体系里，无人机不再是单一的飞行平台，而是需要嵌入整个作战系统里承担相应的任务，需要在设计之初就做好周密考量。

所以军用无人机不单单只是一个飞机，它是一个真正按照航空工业理念研发制造的航空器系统。它拥有无坚不摧、所向披靡的"战衣"和精明强干、卓尔不群的"大脑"，通过精密的运算和各部件默契的配合，完成既定的任务。

1.2.2　民用无人机时代的到来

随着生产技术的日趋成熟，无人机的造价大幅降低。有资料表明，目前迷你无人机的制造成本已降低到三年前的十分之一。因此，这类曾经带有神秘色彩的无人机，已经成为集实用与娱乐功能于一体的高端"玩具"，进入了普通人的生活。今天在网上就可以搜索到各种型号的玩具无人机，其中数千元价位的就带有GPS定位和图传功能，通过手机APP就能操控，航拍图像清晰，深受消费者青睐，具有广阔的市场前景。本书中后面介绍的无人机都是指民用无人机。

民用无人机分为消费级无人机和专业级、行业级无人机。消费级无人机主要面向普通人群。目前民用无人机市场呈现"一超多强"的状态。深圳市大疆创新科技有限公司（DJI-Innovations，简称DJI）是全球领先的无人飞行器控制系统及无人机解决方案的研发和生产商，全球每年售出的消费级无人机有近70%都是大疆的产品。

除了DJI公司，全球还有多家无人机厂商具有不容小觑的实力，比如我国的"零度""亿航"、北美的"3D Robotics"、法国的"Parrot"。

1.2.3　外形各异的无人机

（1）种类介绍

除了传统意义和结构的无人机外，还有各种形式、不同用途的异形无人机。

① 混合布局无人机

混合布局无人机就是将旋翼机和固定翼融合在一起。兼具两种无人机长处，如图1-3所示。这种无人机的工作模式分为四旋翼垂直起降模式和固定翼高速巡航模式。在四旋翼垂直起降模式下，四个旋翼系统工作，提供垂直起飞和降落的动力；在固定翼高速巡航模式下，机身推进系统提供巡航动力。这两种模式使得混合布局无人机可以像直升机一样无需跑道就能起飞和降落，又可以像固定翼飞机一样进行高速、长时间和远距离巡航作业。适用于山区空地、城市道路和楼顶、舰船甲板等狭小区域进行起飞和降落，可以携带多种任务载荷完成多种作业任务，极大扩展了无人机应用范围。

图1-3　混合布局无人机

② 涵道风扇无人机

所谓"涵道"就是气流管道，有降低气动损耗、稳定气流输出的作用。无人机以涵道风扇为结构主体和动力系统，飞行控制机理与其他多旋翼无人机有所不同。其动力系统采用类似运载火箭的飞行原理，通过涵道内部和尾部的导流板、舵面来实现无人机的姿态稳定控制，动力效率比传统无人机高30%。同时，因为无人机的旋翼隐藏于涵道内侧，能有效避免旋翼割伤事故发生，其外表可以采用柔软、弹性十足的发泡材料进行包裹，可进一步提升无人机的防撞、防摔性能。适合于搜救、复杂狭小环境飞行侦查、室内安防监控等领域。如图1-4所示。

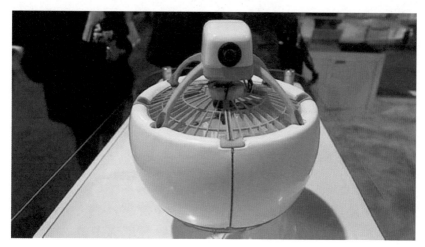

图1-4 民用微小型涵道风扇无人机

③ 交叉双旋翼直升机

这种直升机也是依靠旋转方向相反的两个主旋翼来平衡自旋力矩，但是两个螺旋桨不共轴，而是交错挥舞。通过巧妙的设计让两个主旋翼不会相撞。如图1-5、图1-6所示。

图1-5 交叉双旋翼直升机

图1-6　交叉双旋翼直升机的两个主旋翼结构

④ 共轴双桨直升机

传统结构的直升机依靠尾部的水平螺旋桨来平衡主旋翼旋转所产生的自旋力矩。而这种直升机有上下两个主旋翼，旋转方向相反，自旋力矩互相抵消，如图1-7所示。它的悬停效果好于单旋翼，有更大的升力和速度。单旋翼在战斗中最怕尾部被攻击，双旋翼如果没尾巴依旧可以飞行。但高速大机动时容易使下层旋翼与上层旋翼打在一起。

图1-7　共轴双桨直升机

⑤ 滚翼机

滚翼机以摆线桨为升力源，飞行时像左右各有一个大车轮。如图1-8和图1-9所示。

图1-8 滚翼机

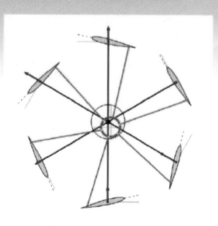

图1-9 滚翼机的摆线桨

⑥ 旋翼飞行器

外观看上去很像直升机，但其头顶的旋翼并没有动力，是靠水平的螺旋桨驱动，其本质上更接近于固定翼。如图1-10所示。

图1-10　旋翼飞行器

（2）异型无人机欣赏

　　法国"神经元"无人隐身攻击机如图1-11所示。机长10m，翼展12m。最大起飞重量7吨，飞行速度为马赫数0.8，续航时间超过3小时。

图1-11　法国"神经元"无人隐身攻击机

图1-12 Radeus垂直起降无人机

图1-12所示的Radeus是一款垂直起降无人机，由加利福尼亚Radeus Labs公司研发，整体成飞碟型，上下两套反向叶片能够以60英里/小时的线速度旋转，从而使自身获得足够的升力。Radeus曾在2015年美国亚特兰大无人机系统展上亮相，堪称该展会中造型最奇特的无人机之一。

RoboBee（蜜蜂机器人）是一款由哈佛大学研究人员打造的水空两用小型绳系机器人，重100毫克，大小类似于回形针，如图1-13所示。其两侧的翅膀可以像昆虫一样振动，振动频率为120Hz。

图1-13 RoboBee蜜蜂机器人

RoboBee不仅可以在空中悬停，还能够以9Hz的振翅频率在水中运动。不过由于体积过于小巧，普通入水方式难以克服水面张力，因此该机器人必须撞入水中，且翅膀表面要经过活性剂的处理。

1.2.4 无人机的应用领域

① 航拍摄影，看世界的新视角

随着民用无人机的快速发展，在广告、影视、婚礼等视频记录领域正越来越多地出现无人机的身影。纪录片《飞越山西》超过三分之二的镜头由航拍完成，而许多镜头是完全由无人机拍摄。2014年，在第二届英国伦敦华语电影节上，《飞越山西》获得最佳航拍纪录片特别奖和最佳航拍摄影奖两项大奖。该片拍摄时规划并执行无人机拍摄点近300个，许多近景由无人机拍摄完成，产生了意想不到的效果。

② 电力巡检，快速便捷

2017年4月9日，济南供电公司输电运检室联合山东电科院对四基跨黄河大跨越高塔开展了无人机巡视工作。无人机巡视具有不受高度限制、巡视灵活、拍照方便和角度全面的优点，特别适合于大跨越高塔的巡视，弥补了人工巡视的不足。

③ 新闻报道，真实快速

美国有线电视新闻网络（CNN）已经获得由美国联邦航空管理局（FAA）颁发的牌照，将测试配备摄像头、用于新闻报道的无人机。在中国，早在2013年芦山地震抗震救灾中，央视新闻就采用无人机拍摄了灾区的航拍视频。救灾人员无法抵达的地方，无人机轻松穿越，在监测山体、河流等次生灾害的同时，还能利用红外成像仪在空中搜寻受困人员。

④ 农林植保，保护野生动物，为世界的多彩添一份力量

利用无人机进行播种、喷药、森林火情监控等已不是新闻，而位于荷兰的非营利组织影子视野基金会等机构正在使用经过改装的无人飞行器，为保护濒危物种提供关键数据，其飞行器已在非洲投入广泛使用。经过改良的无人机还能够被应用于反偷猎巡逻。

⑤ 环境监测，保驾蓝天白云

无人机已经越来越频繁地被应用于大气污染执法。从2013年11月起，环保部门开始使用无人机航拍，对钢铁、焦化、电力等重点企业排污、脱硫设施运行等情况进行直接检查。2014年以来多个省份使用无人机进行大气污染防治的执法检查，以实现更到位的监管。

⑥ 运送货物，快递运输的新方式

2015年2月6日，阿里巴巴在北京、上海、广州三地展开为期3天的无人机送货服务测试，使用无人机将盒装姜茶快递给客户。这些无人机不会直接飞到客户门前，而是会飞到物流站点，"最后一公里"的送货仍由快递员负责。在国外，亚马逊在美国和英国都有无人机测试中心。2017年，亚马逊表示其目标是利用无人飞行器将包裹送到数百万顾客手中，顾客下单后最多等半小时包裹即可送到。

⑦ 提供网络服务，让你的信号多一格

早在2014年，Google就收购了无人机公司 Titan Aerospace，目前研制成功并开始测试无人机 Solara 50 和 60。通过吸收太阳能补充动能，在近地轨道持续航行5年而不用降落，Titan 表示通过特殊设备，使其高空无人机最高可提供每秒高达1GB的网络接入服务。Facebook也收购了无人机产商 Ascenta，成立 Connectivity Lab 实验室，开发包括卫星、无人机在内的各种互联网连接技术。

第2章
认知——
四旋翼无人机的飞
行原理及硬件配置

2.1 四旋翼无人机的飞行原理

在学习如何自己制作一台四旋翼无人机之前，我们先了解一下四旋翼无人机的飞行原理。它是怎么实现飞行和运动的呢？如图2-1所示，一台简单的四旋翼无人机主要包括机架、电机、飞控板、螺旋桨、电池和遥控器六部分。

四旋翼飞行器的旋翼结构如图2-2所示。飞行时，以1号电机为机头，3号电机为机尾，2号和4号电机分别位于机身的左、右侧。当飞行器平衡飞行时，电机1和电机3逆时针旋转的同时，电机2和电机4顺时针旋转以抵消电机在高速旋转时产生的陀螺效应和空气动力扭矩效应使飞行器发生自旋。四旋翼飞行器在空间共有6个自由度（分别沿3个坐标轴作平移和旋转动作），对每个自由度的控制我们都可以通过调节不同电机的转速来实现。下面逐个说明飞行器的各种飞行姿态。

图2-1　四旋翼飞行器

（1）垂直运动

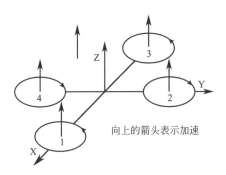

图2-2　旋翼结构及垂直运动时的受力分析图

如图2-2所示，1号和3号电机逆时针旋转，2号和4号电机顺时针旋转来平衡其对机身的反扭矩。如果同时增加四个电机的转速（图中各个电机中心引出的向上箭头表示加速，若箭头向下表示减速），每个电机带动螺旋桨产生更大的升力，当合力足以克服整机的重量时，四旋翼飞行器便离地垂直上升；反之，同时减小四个电机转速，四旋翼飞行器则垂直下降，当旋翼产生的升力等于飞行器的自重且无外界干扰时，飞行器便可保持悬停状态。

（2）俯仰运动

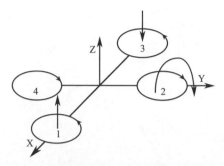

图2-3　俯仰运动时无人机受力分析图

如图2-3所示，电机1的转速上升，电机3的转速下降，电机2、电机4的转速保持不变（图中各个电机中心引出的向上箭头表示加速，若箭头向下表示减速，没有箭头表示速度不变）。由于旋翼1的升力上升，旋翼3的升力下降，产生的不平衡力矩使机身绕Y轴旋转（方向如图2-3所示）。同理，当电机1的转速下降，电机3的转速上升时，机身便绕Y轴反方向旋转。实现了飞行器的俯仰运动。

（3）滚转运动

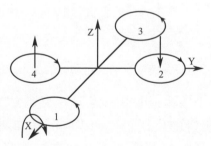

图2-4　滚转运动时无人机受力分析图

与图2-3的原理相同，在图2-4中，改变电机2和电机4的转速，保持电机1和电机3的转速不变，则可使机身绕X轴旋转（正向和反向），实现飞行器的左右滚转运动。

（4）偏航运动

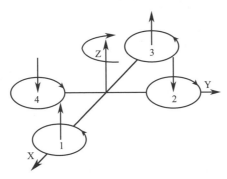

图2-5　偏航运动时无人机受力分析图

如图2-5所示，四旋翼飞行器偏航运动就是绕自身垂直轴Z轴旋转，可以借助旋翼产生的反扭矩来实现。旋翼转动过程中由于空气阻力作用会形成与转动方向相反的反扭矩。为了克服反扭矩的影响，可使四个旋翼中的两个正转，两个反转，且对角线上的电机转动方向相同。反扭矩的大小与旋翼转速有关，当四个电机转速相同时，四个旋翼产生的反扭矩相互平衡，四旋翼飞行器不发生转动；当四个电机转速不完全相同时，不平衡的反扭矩会引起四旋翼飞行器转动。

在图2-5中，当电机1和电机3的转速上升，电机2和电机4的转速下降时，旋翼1和旋翼3对机身的反扭矩大于旋翼2和旋翼4对机身的反扭矩，机身便在不平衡反扭矩的作用下绕Z轴转动，实现飞行器的偏航运动，转向与电机1、电机3的转向相反。

（5）前后运动

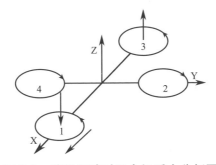

图2-6　前后运动时无人机受力分析图

如图2-6所示，增加电机3的转速，使尾部拉力增大；相应减小电机1的转速，使头部拉力减小；同时保持其他两个电机转速不变，反扭矩仍然要保持平衡。按图2-3的理论，飞行器首先发生一定程度的倾斜，从而使旋翼拉力产生水平分量，因此可以实现飞行器的前飞运动（向后飞行与向前飞行正好相反）。当然在图2-3、图2-4中，飞行器在产生俯仰、翻滚运动的同时也会产生沿X、Y轴的水平运动。

（6）侧向运动

在图2-7中，由于结构对称，所以侧向飞行的工作原理与前后运动完全一样。

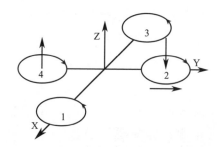

图2-7 侧向运动时无人机受力分析图

2.2 四旋翼无人机的硬件组成

2.2.1 机架

市面上现有的无人机机架有很多种，玩家需要根据需求选择适合自己的无人机机架。机架的重量决定了无人机的基础重量，从而间接影响无人机的飞行时间和载重量的大小。笔者入门无人机时就在机架的选择上花了一番工夫，下面就让我们了解一下无人机机架吧。

（1）机架轴距

无人机轴距是指两个处于正对角位置的电机中心轴之间的距离，通常都是按照毫米计算，轴距越大代表无人机整体尺寸越大，能用的桨的尺寸也越大。对于新入门的玩家来说选择小于等于450毫米轴距的机架为宜，不宜选择轴距太大的机架。

（2）机架分类

按照材质常分为尼龙塑胶机架、玻纤机架和碳纤维机架。

① **尼龙塑胶机架**。顾名思义，它的材质是塑料。主要特点是具有一定的强度和韧性且价格便宜，禁得住磕碰摔打，很适合刚入门的玩家。如图2-8所示就是一种尼龙塑胶机架。

图2-8　450轴距塑胶四旋翼机架

② **玻纤机架**。这种机架主要是由玻璃纤维制作而成，和塑胶机架相比具有更高的强度，价格相比碳纤维材料便宜很多，很适合对机架有更高要求的入门级玩家。如果想自己DIY一款无人机机架，玻纤材料当是不二之选。如图2-9所示就是一种玻纤机架。

③ **碳纤维机架**。碳纤维相比其他两种机架具有更高的强度和刚度，而且重量更轻，因此碳纤维机架深受无人机厂商和玩家的喜爱，是当前制作无人机机架首选的材料。缺点就是价格偏高，不适合刚刚入门的玩家选择，以免"炸机"后造成较大的损失。如图2-10所示是笔者自己设计的一种碳纤维机架。

图2-9　360轴距玻纤四旋翼机架

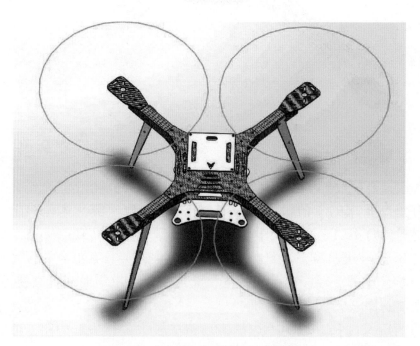

图2-10　400轴距碳纤维四旋翼机架

　　按照安装的电机数量分类有：两轴、三轴、四轴、六轴和八轴机架。其中最常见的机架类型是四轴、六轴机架。如图2-11所示就是一款六轴机架。

图2-11　550轴距塑胶六旋翼机架

2.2.2　飞控板

　　飞控板是飞行控制集成电路板的简称，是无人机的核心部件，负责完成无人机的飞行控制和各种复杂的功能。飞控板的好坏直接决定了飞行器的性能和稳定性。

（1）　飞控板的作用

　　① 处理从遥控器传来的信号或者无人机的自动控制信号，根据接收到的信号来实现不同的功能，比如模式切换、前进、上升等。
　　② 控制电机的转速。飞控板通过给电调发送信号调节电机的转速，实现无人机自稳悬停或者运动飞行。
　　③ 控制搭载的外部设备，比如云台、超声波、舵机等。

（2）　常见的飞控板的种类

　　① CC3D飞控板
　　如图2-12所示，这款飞控板常用于小轴距的穿越机型，因其只集成了一个STM32处理器和MPU6000陀螺仪传感器，所以板子小巧迷你，价格便宜。有六个通道PWM信号输出，因此最大可用于六旋翼无人机。操控方面可选择手动和自稳两种飞行模式，适合有一定飞行操作基础的人。

图2-12　CC3D飞控板

② F4飞控板

它是F3飞控板的升级版本。现在市面上的版本不一，而主流的F4飞控板集成了电压检测单元、陀螺仪、加速度计、OSD、气压计和存储卡槽等，少数版本还兼容GPS模块的安装。F4主控芯片也从F3的STM32F3升级成了运算能力更强的STM32F4，最大支持6个电调输出通道。如图2-13所示。

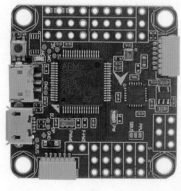

图2-13　F4飞控板

③ APM飞控

它是一款深受广大玩家喜爱的开源驾驶仪，拥有庞大的用户群体。它不仅支持多旋翼无人机，还支持固定翼、直升机、汽车、船、雷达等，具有极高的可玩性，开源资料也很丰富，玩家可以用它学习无人机、船、车的制作，学习相关源码等。如图2-14所示为APM飞控板。

2.8弯针

2.8直针

图2-14 APM飞控弯针版本和直针版本

APM飞控主要特性如下：

- 免费的开源固件，共享式的源码分享；
- 支持固定翼、多旋翼、汽车、船、直升机等多种模式；
- 完全可视化操作的任务规划（可选中文或其他多国语言）；
- 支持多达上百个三维航点设置，可自主完成预先规划好的飞行任务；
- 强大的开源地面站支持，如MissonPlaner，QGC等；
- 可实现多种飞行模式，如自动起飞、一键返航、自主巡航、定点定高悬停、绕圈等，甚至包括特技飞行。飞行操作熟练的模友可以尝试，但建议不要轻易尝试特技；
- 完整支持Xplane和飞行半硬件仿真。

APM飞控主要硬件：

- 三轴陀螺仪三轴加速度计MPU6000；
- 高精度数字空气压力计MS-5611；
- 16MB板载存储，用于存储飞行日志；

• 三轴磁力计 HMC5883；

• 8 路 PWM 输入，11 路模拟传感器输入，11 路 PWM 输出（8 路电调 +3 路云台增稳）。

可扩展硬件：

• OSD 视屏叠加模块，可实时回传飞行器的姿态、模式、航点信息；

• 空速计，用于测飞行器空速；

• 电流计，用于检测电池电压和电池电流，计算剩余电量估算剩余飞行时间；

• 超声波传感器，用于测量飞行器与地面或障碍物之间的距离；

• 光流传感器，用于室内定点悬停。

图 2-15 为 APM2.8 用于飞行器的接口定义。

图 2-15　APM 飞控板 APM 的接口定义

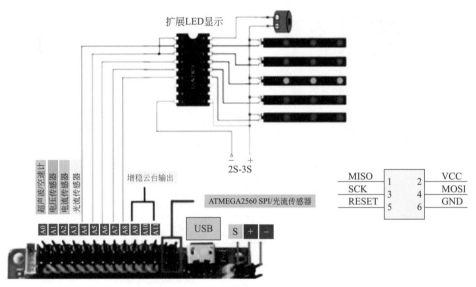

图2-15a　上边针脚定义图

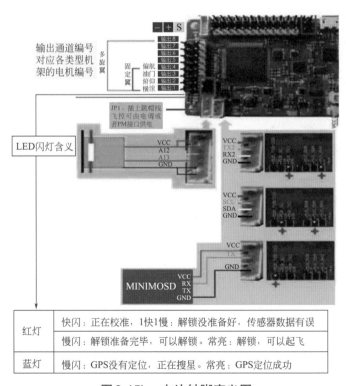

红灯	快闪：正在校准，1快1慢：解锁没准备好，传感器数据有误
	慢闪：解锁准备完毕，可以解锁。常亮：解锁，可以起飞
蓝灯	慢闪：GPS没有定位，正在搜星。常亮：GPS定位成功

图2-15b　左边针脚定义图

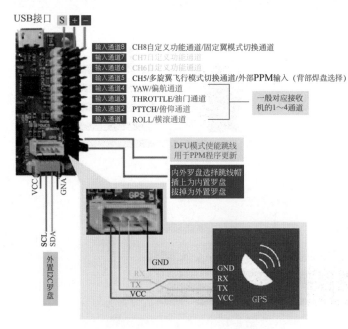

图2-15c　右边针脚定义图

近些年随着无人机行业的快速发展，越来越多的人开始接触无人机，APM飞控也被国内的很多厂商进行修改后售卖，其价格稳定在200元左右。

笔者在本书的第3章"操作——四旋翼无人机的安装及调试"中就是选用的开源APM飞控，后面会有更多关于APM飞控的知识和大家一起分享。

④ PIXHAWK飞控

它的系统是世界上著名的开源飞控硬件厂商3DR推出的PIX系列第二代飞控系统，PIX系列的前身是APM。由于APM的八位处理器已经接近满负荷，没有办法满足更复杂的运算处理，所以硬件厂商采用了目前最新标准的32位ARM处理器。

PIXHAWK是一个自带冗余设计的双处理器的飞行控制器，拥有擅长强大运算的32bit STM32F427 CortexM4核心处理器。还有一个主要定位于工业用途的协处理器32bit STM32F103，它的特点就是安全稳定。所以就算主处理器死机了，还有一个协处理器来保障安全。它还可以支持两套GPS设备，当一套出现问题时还有一套立刻补位，从而保证飞行器能更加安全地飞行。

PIXHAWK飞控及插口功能说明见图2-16。

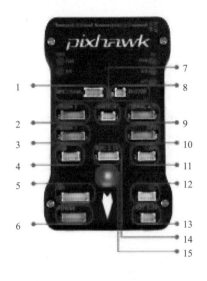

1　Spektrum DSM接收机
2　遥测（数传）
3　遥测（屏显/OSD）
4　USB
5　SPI（串行外设接口）总线
6　电源模块
7　安全开关按钮
8　蜂鸣器
9　串口
10　GPS模块
11　CAN（控制器局域网）总线
12　PC分离器或罗盘模块
13　模数转换器6.6V
14　模数转换器3.3V
15　LED指示灯

1　输入/输出复位按钮
2　SD卡
3　飞行管理复位按钮
4　Micro-USB端口

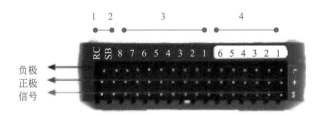

负极
正极
信号

1　遥控接收机输入
2　S.BUS输入
3　主输出
4　辅助输出

图2-16　PIXHAWK飞控及插口功能说明

PIXHAWK主要硬件配置：

- 三轴16位ST Micro L3GD20H陀螺仪，用于测量旋转速度；
- 三轴14位加速度计和磁力计，用于确认外部影响和罗盘指向；
- 可选择外部磁力计，在需要的时候可以自动切换；
- MS5611气压计，用来测量高度；
- 内置电压电流传感器，用于确认电池状况；
- 可外接UBLOX LEA GPS，用于确认飞机的绝对位置。

各种可扩展I/O接口和专用接口：

- 14个PWM舵机或电调输出；
- 5个UART（串口），一个支持大功率，2个有硬件流量控制；
- 两个CAN I/O接口（一个有内部3.3V收发，一个在扩充接口上）；
- 兼容S.BUS输入和输出；
- PPM sum 信号输入；
- I2C和SPI串口；
- 两个3.3V和一个6.6V电压模拟信号输入；
- 内置microUSB接口以及外置microUSB接口扩展。

具有冗余设计和扩展保护的综合供电系统：

- Pixhawk是由一个集成有电压电流传感器输出的协同系统供电；
- 良好的二极管控制器，提供自动故障切换和冗余供电输入；
- 可支持高压（最高10V）大电流（10A+）舵机；
- 所有的外接输出都有过流保护，所有的输入都有防静电保护。

其他特性：

- 提供额外的安全按钮可以实现安全的电机激活/关闭；
- LED状态指示器与驱动可以支持高亮度外接彩色LED指示灯表明飞行状态；
- 通过压电声音指示器可以得知实时飞行状态；
- 可支持带外壳与内置磁力计UBLOX GPS。

⑤ NAZA（哪吒）飞控

它是DJI（大疆）公司推出的一款闭源飞控（图2-17），由DJI负责相关软件的开发。由于其闭源的特性，飞控源码是不对外公开的，产品在出厂时就已经被写入调试好的默认固件了，装机后只需简单的设置就可以稳定飞行。

相比开源飞控而言，闭源飞控能让用户更加专注地去探索如何飞好无人机，而不是把时间用到调试过程中。截至目前，DJI公司N系列的飞控主要版本有Naza-M、Naza-M Lite、Naza-M V2、Naza-H和N3飞控（N3飞控与之前发布的Naza系列飞控相比有质的飞跃，是介于玩家级NAZA系列和专业级A系列之间的一款飞控）。

图2-17　Naza-M Lite飞控

基本功能：

•可切换三种飞行模式：手动模式（控制感度增大，使无人机更灵活快速），姿态模式（只有定高不能定位，无人机飞行时会在水平面上漂移），GPS模式（必须在室外GPS信号良好的区域使用，此时无人机可以稳定悬停）；

•CF无头模式，为航向锁定/返航点锁定；

•支持四旋翼、六旋翼、八旋翼机型；

•支持远程调参，需要配合DJI的蓝牙数传；

•支持两轴云台；

• D-BUS接口，支持S-bus接收机，支持PPM接收机；

• 电压检测和低电压报警；

• 支持PMU扩展模块，支持IOSD，H3-2D云台，NAZA-M
BTU模块等设备。

对于不想使用类似APM复杂的开源飞控的用户来说，NAZA-M
Lite是不错的选择（图2-18），价格方面相比DJI的其他飞控算是很低
的了。下面是DJI的其他几款很好用的飞控，我们也认识一下吧。见
图2-19、图2-20。

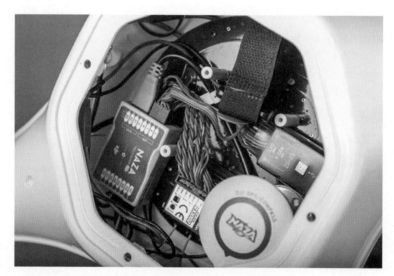

图2-18　NAZA-M Lite飞控接线图

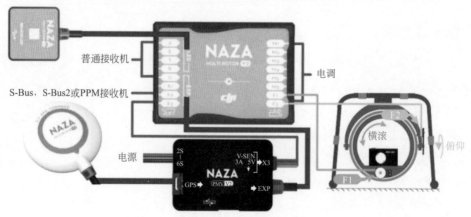

图2-19　NAZA-M V2商用级航拍飞控

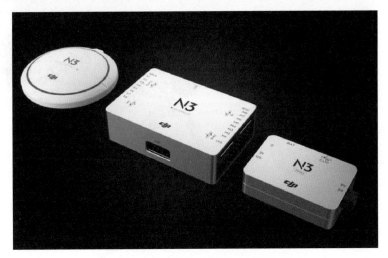

图2-20 N3专业级航拍/农业飞控

2.2.3 GPS定位器

GPS模块在无人机上是起定位作用的。配备了GPS的无人机就好比自己带了一张地图，可以准确地知道自己当前的位置。GPS通过连接飞控板将获取的经纬度信息传输给飞控板，进行数据处理后配合其他传感器数据通过调节各电机的转速以确保无人机可以精确地悬停在指定位置。当GPS模块接收到的卫星数目越多时无人机的定位精度越高，这就是玩家常形容的"定钉子"。

市面上的GPS模块种类有多种，大部分成品的GPS模块都自带外置陀螺仪，用户可以根据飞控板的实际情况选择板载陀螺仪或者外置陀螺仪。GPS模块所用芯片的好坏决定了GPS的定位精度和搜星速度。常见的GPS模块型号有6M GPS、7M GPS、M8N GPS。

其中M8N GPS采用NEO-M8N芯片，能够同时获取和跟踪不同的全球导航卫星系统：GPS、GLONASS或BEIDOU。和单一模式的6M或7M GPS相比具有更快的搜星速度、更多的搜星数量和更高的定位精度。搜星数量可以达到20颗，hdop（GPS定位精度因子，越小代表定位精度越高）可以达到0.5以下。图2-21为几款常见的GPS模块，图2-22为GPS芯片标识。

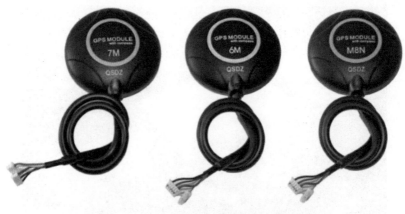

图2-21　三种常见的自带罗盘GPS模块

图2-22　GPS芯片

2.2.4　无刷电机

　　无人机用的电机主要有两种，一种是空心杯有刷直流电机，大多被用在玩具小飞机上；另一种是无刷交流电机，大多采用外转子设计，以其高效率、低能耗、低噪音、超长寿命、高可靠性被广泛应用于无人机行业。如图2-23所示，在这里笔者要和大家分享一些关于无刷电机的知识。

　　无刷电机的主要参数如下。

　　①电机型号：如2212，3508，4010，这些数字分别表示电机定子的直径和高度，单位是毫米。前两位数字越大，表示电机直径大扭矩大；后两位数字越大，表示电机越高动平衡越好。又胖又高的电机扭矩大、效率高，价格也偏贵。

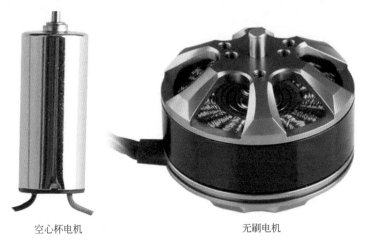

空心杯电机   无刷电机

图2-23 空心杯电机和无刷电机

② 电机KV值：KV值是指每增加1V电压，电机每分钟增加的空转转数。例如1000KV是指在1V的电压下空转转速是1000转每分钟，10V的电压下就是10000转每分钟的空转转速。

那么是什么决定KV值的大小呢？这和电机的绕线匝数有关。绕线匝数多的电机KV值低，扭力大，最高输出电流小；绕线匝数少的电机KV值高，扭力小，最高输出电流大。同等电压下，KV值越小，转速越低，扭力越大可带更大的桨；KV值越大，转速越高，扭力越小适配小桨。

相对来说KV值越小，效率就越高。比如航拍就要选用低KV值的电机并配上大桨。因为电机的转速低、效率高，同时低转速电机的震动也小，这些因素都是对航拍来说这些都是极为有利的。

用于航模的无刷电机主要分三大类：高KV（2000KV以上）、中KV（700KV ～ 1500KV）、低KV（100KV ～ 500KV）。固定翼和穿越机一般选用高KV电机；小轴距航拍机一般选用中KV或低KV电机；自重大、负载大、轴距大的无人机一般选择低KV电机。

③ 电机效率：电机效率是指电机消耗的电能与转换成机械动能之比，无刷电机效率的标注方式是：g/W（克/每瓦）。

首先我们要知道电机的功率和拉力不是简单的倍数关系。例如：电机工作在50W时产生450g拉力，而当电机工作在100W时就不是900g拉力了，可能只会达到700g拉力，实际拉力是多少要查电机配备的效率表。大多数电机工作在3A～8A的电流下效率是最高的。

以朗宇X3508S-700KV电机（表2-1）为例说明。配APC1147桨，4S电池，5A电流时，产生推力为600g，效率8.1g/W；如果是4轴飞行器，就将单一电机推力乘以4，即共产生2.4kg的推力。

表2-1　X3508S-700KV电机效率表

桨型	电压/V	电流/A	拉力/g	功率/W	力效/（g/W）
APC1147	14.8	1	180	14.8	12.16216216
		2	310	29.6	10.47297297
		3	400	44.4	9.009009009
		4	510	59.2	8.614864865
		5	600	74	8.108108108
		6	670	88.8	7.545045045
		7	750	103.6	7.239382239
		8	810	118.4	6.841216216
		9	860	133.2	6.456456456
		10	940	148	6.351351351
		12	1060	177.6	5.968468468
		14	1170	207.2	5.646718147
		16	1280	236.8	5.405405405
		19.6	1500	290.08	5.170987314

2.2.5　螺旋桨

螺旋桨是直接给飞机提供升力的重要部件。当螺旋桨在电机带动下高速旋转时，在桨的上下层产生空气压力差，原理和固定翼飞机机翼产生升力一样。当压力大的一侧产生的推力大于等于无人机自重时，无人机就飞起来了。

大多数人可能会认为是电机为无人机提供了升力，其实不然，真正为无人机提供升力的是螺旋桨。电机只是让螺旋桨转起来，这在多旋翼中就形象地体现了出来。螺旋桨作为无人机的直接升力来源，它的品质的好坏可以直接决定无人机的飞行效果及稳定性。

螺旋桨的两个重要参数和一个"牢记"：

① 桨径：指螺旋桨的长度，单位是英寸。

② 螺距：指螺旋桨在空中旋转一圈时桨平面经过的距离，单位是英寸。这与桨面和水平面的夹角有关，夹角越大螺距越大，反之螺距越小。

例如：1045桨，前两位数字指桨的长度为10英寸，后两位数字指桨的螺距为4.5英寸。

③ "牢记"：无人机的螺旋桨有正反之分，如图2-24所示。一般螺旋桨正面光滑，同时刻有相应的螺旋桨参数值。当该面朝前时，逆时针旋转产生拉力的为正桨，顺时针旋转产生拉力的为反桨。简而言之请记住：正桨是从上向下看顺时针旋转的桨，反桨是从上向下看逆时针旋转的桨。这一点非常重要，有很多刚入门的玩家就是因为正反螺旋桨装错了造成的炸机。

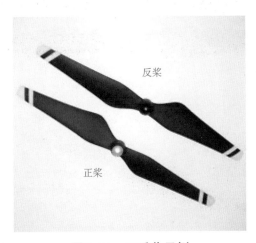

图2-24　正反桨示例

螺旋桨按照螺距不同主要分两大类：变螺距螺旋桨和定螺距螺旋桨。

① **变距螺旋桨**：是指螺旋桨的螺距在一定范围内可以改变，例如常见的载人直升机就是采用变距螺旋桨。

② **定距螺旋桨**：是指螺距固定不变的螺旋桨，大多数无人机采用的就是定距桨。

螺旋桨按照材料分类主要是：塑料、碳纤维、木头；按照叶片数量分为：两叶桨、三叶桨、多叶桨。还有很多桨是按照它的用途和形状进行命名的。如图2-25所示为不同材料制作的螺旋桨。

塑料桨

碳纤维桨

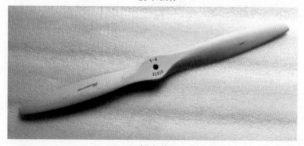

榉木桨

图2-25　不同材料制作的螺旋桨

2.2.6　无刷电子调速器

电子调速器简称电调，是电动电机调速系统的统称，是连接电机和飞控板的重要部件。其作用是接收飞控板传出的信号，根据此信号调节电机的转速，进而影响无人机的飞行姿态。电调主要分为有刷电调和无刷电调，在这里主要介绍无刷电调。

如图2-26所示，图中电调的上端3根出线与电机相连；下端2根出线与电池相连，杜邦线与飞控或接收机相连接。

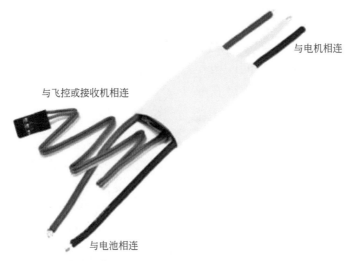

图2-26 自带BEC输出电调

无刷电调主要分两类，一类是自带BEC输出的，信号线的正负之间有5V输出，可以通过电调为飞控板、接收机供电；另一类是不带BEC输出的，需要用单独的5V BEC模块为飞控板和接收机供电。图2-27是一款不带BEC输出的电调。

图2-27 不带BEC的电调

2.2.7 电池

电池是为整个无人机系统提供电能的重要部件，通常采用锂电池作为无人机的动力电源。对于多旋翼无人机而言，电池单位重量的能力载荷很大程度上限制了无人机的续航时间。

单纯增加电池容量的同时电池的重量也会增加，达不到明显提升无人机续航能力的效果，现在整个无人机行业亟待一种更优秀的动力电池出现。图2-28为两种锂电池。

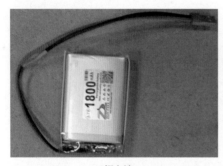
1S锂电池

3S航模锂电池

图2-28　两种锂电池

航模电池的三个主要参数：

① 电压：电压的单位用V（伏特）表示。锂电池的标准电压为单片3.7V，充满电为4.2V，放电后的保护电压为3.6V，通常我们看到的3S1P 11.1V锂电池是指三片锂电池串联。6S2P则表示将两个六片锂电池串联的结构再并联，总电压为22.2V，电流是单个结构的两倍。

② 容量：电池容量的单位是毫安时（mAh），即电池以某个电流可以持续放电一小时。例如2200mAh是指电池可以以2200mA（即2.2A）的电流持续放电一小时。

③ 放电倍率：电池的放电能力用放电倍率（C）表示，即以电池的标示容量最大可以达到多少的放电电流。例如2200mAh电池25C放电倍率，即电池最大可以达到2.2A×25=55A的放电电流。

锂电池在充电时需要使用专用的锂电池平衡充电器。锂电池的维护也是学习无人机制作的必修课。长期不用的锂电池应该放置于专用的防爆箱中，将每片电压放电至3.85V左右保存，每隔三个月完成一次充放电；锂电池使用时切记不可过冲电或者过放电，否则容易对锂电池造成不可挽回的损坏，比如电池鼓包、电芯损坏。

切记锂电池不可挤压，刺戳，高温加热。如果电池已经出现鼓包现象，建议不再使用，妥善处理并及时更换新电池。

2.2.8 遥控器

一套遥控器包括两部分：发射机和接收机。遥控器也称发射机，顾名思义就是一种用来远程控制机器的装置。与它对应的就是用来接收信号的接收机。

遥控器的作用是给无人机端的接收机发送指令并经由接收机把信息传送给飞控处理，当飞控接收到来自地面端的指令后就会执行相应的动作。

目前市面上主流的航模遥控器都是采用2.4G的信号制式，具有传输信号稳定、距离远的特点。不同厂商针对不同用户所生产的遥控器在性能上有很大差异，有的控制距离小于500m、有的控制距离可以达到5公里。常用遥控器品牌有富斯、华科尔、乐迪、天地飞、Futaba等。

说到遥控器，就一定会说到遥控器通道数，遥控器通道数是什么意思呢？简单地说，就是遥控器可以控制环节的数量，通道数决定了可以控制飞行器完成的功能。

对于四旋翼无人机而言，如果只需要让它实现上下前后左右旋转飞行，那么选用4通道遥控器就够了。常见的航模遥控器还有6通道、7通道、8通道、9通道等。需要注意的是，遥控器通道数越多价格也越贵，所以读者应该按需求选择自己的遥控器。图2-29为一款6通道遥控器和接收机。

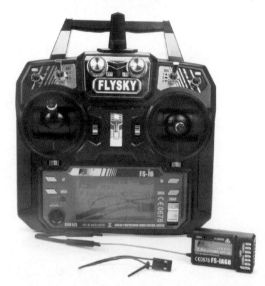

图2-29　6通道航模遥控器和6通道接收机

2.3　四旋翼无人机的硬件配置

上一节中，我们对无人机常用硬件的参数和种类做了介绍，下面我们将说明如何选取硬件并进行配置。

2.3.1　机架的选取标准

在第2.2节中我们介绍了无人机的机架参数和各种机架的类型，选择无人机机架主要关注以下三条：

① 确定无人机是几旋翼无人机；

② 确定无人机机架的轴距；

③ 确定无人机机架的材质。

2.3.2　飞控板、GPS模块的选取

前面已经为读者介绍了多款优秀的无人机飞控，下面就讲一下如何选择一款适合的飞控板。选择飞控板主要考虑以下几个问题。

（1）飞控板的选择

① 经济条件

近些年随着无人机飞控技术的不断发展，飞控板的价格也逐渐亲民，比如像CC3D、F3这类飞控价格只有几十元，已具备基本的飞行功能，可以满足入门玩家的需求。但是它们操控起来都有一定难度，需要玩家耐心练习飞行基本功。而一款性能好、功能齐全的高端飞控在价格方面少则几百元多则几千元。此时如果有一台模拟器就很有必要了，可以大大减少因为不熟练造成的损失。

读者如果想DIY一款性能稳定、功能齐全的无人机，又有充足的经济预算，就可以考虑购买诸如Pixhawk飞控、NAZA M-V2飞控、N3飞控。它们拥有强大的运算能力和良好的扩展性，可以满足用户的不同需求。这些价格不菲的飞控完全满足有航拍需求的公司的功能要求。

也可以考虑选择价格适中的APM飞控、F3飞控、F4飞控。这些飞控都是开源飞控，如果玩家有DIY精神，调试好的飞控性能同样出色。

② 操控性能需求

就操控性来说，新手不适合选择CC3D飞控，它的手动性能很好，所以更适合具有一定飞行基础的人。对于新手来说，最好选择一块具有自稳功能且能够定高的飞控。

APM飞控、NAZA M-Lite飞控都是不错的选择。而APM飞控是开源飞控，能够让玩家体验更多调试无人机的过程。如果你不想自己调试飞控，就可以选择比较成熟的闭源飞控，比如DJI系列的飞控都是非常优秀且让玩家省心的飞控。NAZA M-Lite是DJI最便宜的一款闭源飞控板，更贵的有NAZA M-V2飞控，WooKong-M飞控，N3飞控以及DJI的A系列飞控，价格越高的飞控操控性也越好。

③ 特殊功能需求方面

如果想学习无人机的控制程序，就要选择开源飞控板，比如APM飞控、PIXHAWK飞控。它们的飞控程序都是开放的，读者可以在无人机开源网站或者卖家那里获得。如果编程能力很强，还可以自己学习设计飞控程序，然后通过软件下载到飞控板中。

如果想要航拍，笔者推荐使用DJI的NAZA系列飞控，A系列飞控或者其他厂商一些专门做航拍的飞控。这些飞控板性能更加稳定、安全，并且有相关售后服务，而且可以整机选购，同样，这些飞控都支持不同旋翼数量的选择，可以满足用户对轴数的需求。

如果想要制作一款异形无人机，比如混合布局固定翼，可以选择PIXHAWK开源飞控。这款飞控经过国内外玩家的研究探索，已经开发出多种混合布局机型的飞控源码，玩家可以用这款飞控制作倾转旋翼混合布局无人机，也可以设计制作比较传统的混合布局无人机。

如果想要制作一款两轴飞行器，推荐F3、F4飞控，这两款飞控都支持两轴飞行器。不过两轴飞行器的调试可不是容易的一件事，需要有足够的耐心和大量的实验才能做出一款可以稳定飞行的两轴飞行器。

（2）GPS定位器的选择

和飞控相比，GPS模块的选择就很简单了，像DJI这类的闭源飞控厂家都会配备和飞控配套的GPS模块，读者选购飞控时GPS模块会和飞控一起出售。

开源飞控可选购的GPS模块主要有三类，分别为6M GPS模块、7M GPS模块、M8N GPS模块。它们的性能由高到低顺序是M8N>7M>6M。

在上一节中已经简单介绍了这三种GPS模块，它们的区别主要在于搜星数和搜星速度。搜星数越多代表GPS模块的定位精度就越高，反映到无人机上就是飞机的定位飘移就越小。这种可以选购的GPS模块一般都会附带外置罗盘，读者可以在地面站中选择使用飞控板的板载罗盘或者外置罗盘。

2.3.3　无刷电机及螺旋桨的搭配

无刷电机作为无人机的动力输出是非常重要的部件。我们先了解如何选择适合自己无人机的无刷电机。

无刷电机的选择主要和无人机自重有关，需要参照各厂商的无刷电机力效表，挑选适合自己无人机的无刷电机。所选电机的最大动力输出之和要大于无人机自重，否则会造成无人机没有充足的动力冗余，会让无人机的负载能力、抗风性、稳定性都大大下降。一般来说，当无人机的自重是无人机全部电机输出的动力之和的一半时，无人机才会具有充足的动力冗余用于负载、抗风、稳定飞行等。

所谓无刷电机和螺旋桨的搭配，是指我们将根据选用的无刷电机的参数来选择与电机相匹配的螺旋桨，如表2-2所示，给出了一些常用的电机型号和螺旋桨的搭配。

表2-2　11.1V/3S锂电池条件下无刷电机和螺旋桨的搭配

电机KV值	桨尺寸 /in
800 ～ 1000	10 ～ 11
1000 ～ 1200	9 ～ 10
1200 ～ 1800	8 ～ 9
1800 ～ 2200	7 ～ 8
2200 ～ 2600	6 ～ 7
2600 ～ 2800	5 ～ 6
2800 以上	3 ～ 5

从表2-2中我们能够发现，电机KV值越高所适配的桨的尺寸就越小。这是因为如果用高KV电机搭配大桨，会给电机带来很大的负担，会出现烧电机的情况；而如果用低KV电机带小桨，会造成动力输出不足，电机效率不高的情况。

2.3.4 电子调速器的选择

电调分为无刷电调和有刷电调，分别适用于无刷电机和有刷电机。本节主要介绍无刷电调的选择。

无刷电调的输入与锂电池相连，是直流电；输出是三相交流，直接与电机的三相输入端相连。电调输出端还有三根或两根信号线需要和飞控板连接，用于控制电机的转速。

无刷电调的选择主要和电机功率有关，不同功率的电机对应不同安数的电调。选用的电调安数要比电机最大输出电流安数大，比如当电压一定时电机输出的最大电流是25A，那么就要选用30A电调。否则会出现电机转速不足或者烧坏电调的情况。

2.3.5 电池的选择

无人机锂电池的选择很简单，主要按照无人机机型进行选择。表2-3给出了三种常见机型的锂电池选择方案。

表2-3 机型适配锂电池选取参考表

机型	锂电池
穿越机	3S ～ 4S/1000mAh ～ 2200mAh/25C 以上
航拍机	3S ～ 6S/4800mAh ～ 12000mAh/15C ～ 25C
载重机	6S ～ 12S/12000mAh ～ 22000mAh/15C ～ 25C

提示

我们知道无人机的续航与无人机自重和电池容量有关。无人机自重越重续航时间越短，电池容量越小续航时间也越短。可是当我们增大电池容量时无人机自重也会随之增加，这就形成了矛盾。所以并不是选择的电池容量越大越好，电池的选取还要参考无人机的自重。

2.3.6 遥控器的选择

遥控器是连接人与无人机的设备，遥控器的操控性能很大程度上决定无人机的飞行性能。同时，操控者的操控水平也直接影响无人机的飞行状态。所以想要飞好无人机还要苦练基本功（有一台飞行模拟器也是个不错的选择）。

选择适合的遥控器可以从经济条件和功能需求方面考虑。通常越贵的遥控器的功能越丰富，操控性越优秀，失控距离越远，比如Futaba遥控器，JR遥控器。如果没有足够的预算购买昂贵的遥控器，就可以选择诸如富斯遥控器、天地飞遥控器、乐迪遥控器等。

　　功能方面主要考虑遥控的有效控制距离和通道数量。比如一台最简单的四旋翼无人机只需要控制升降舵、俯仰舵、偏航和旋转，也就是说需要四个通道，所以应该选择最少的四通道遥控器。

　　如果还想控制无人机的飞行模式、添加电动起落架、控制相机拍照、控制云台等，就需要更多的六通道、八通道或者十通道遥控。每款遥控器都有失控距离说明，读者可以根据需求进行选择。

第3章
操作——
四旋翼无人机的
安装及调试

经过前面两章基本知识的学习，相信大家已经对无人机有所了解了。通过本章的学习，读者将掌握F450无人机机架的组装，最终完成四旋翼无人机的组装。

本章的器件清单
F450机架、20A电调、3S 2200mAh锂电池、1000KV 2312无刷电机、APM飞控/NAZA飞控、电流计/BEC模块、乐迪九通道遥控器及接收机、M8N GPS模块/NAZA GPS、电压检测模块、1045螺旋桨。

3.1　机架的组装

　　无人机机架作为四旋翼无人机的骨架部分，起到了支撑整个无人飞行器和为各部件提供安装位置的重要作用，是无人机必不可少的部件之一。在本节中我们将学习F450机架的知识和安装过程。同时，希望通过本节的经验分享，读者不仅能够学会F450机架的安装，更能够总结出好的安装方法和规律，为以后安装更复杂的无人机机架做准备。

3.1.1　学习组装无人机机架是入门第一步

　　对于一个从来没有接触过无人机或者只是玩过成品无人机的人来说，对无人机机架的安装过程是没有任何概念的。而初学者如果不学习安装无人机机架的一些要点就直接上手组装无人机，很可能会因为安装顺序错误而反复拆装机架甚至损坏机架。

　　对初学者而言在安装过程中有可能会遇到以下问题：机臂装反，中心板安装方向错误，螺丝拧不进螺丝孔等。所以看似简单的机架安装，在过程中包含许多需要注意的地方。同时，通过机架的安装会积累制作无人机的经验，体会无人机在你手中从无到有的自豪感。

3.1.2　F450机架的组装

　　本节使用的F450机架是一款塑料材质的四旋翼无人机机架，此款机架共有四个机臂，分红、黑、白三种颜色可选。我们可以选择同种颜色的一对机臂作为机头侧机臂，选择与机头侧不同颜色的一对机臂作为机尾侧机臂。这样选择的原因是在无人机升空后，操作手可以通过识别机臂颜色来区分机头和机尾，从而准确确定四旋翼无人机的头尾方向。

　　F450四旋翼无人机机架由四个机臂、一个上中心板、一个下中心板组成，如图3-1～图3-3所示。

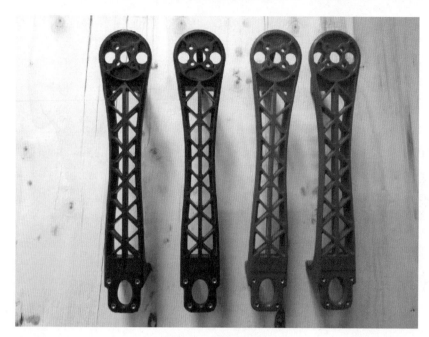

图3-1 四个机臂

图3-2 上中心板

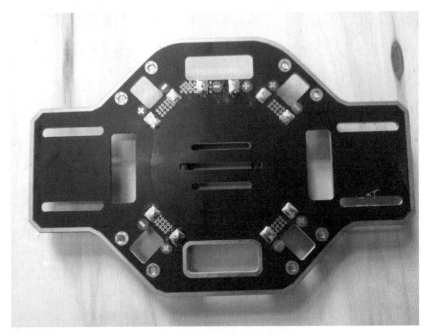

图3-3 下中心板

安装机架所用工具：2.5mm内六角螺丝刀。

提示

F450机架的机臂设有金属螺纹孔。拧螺丝时一定要把螺丝垂直对正螺丝孔，螺丝拧到适合的紧度即可。切记不要用力过大把螺丝孔拧成滑丝。

安装步骤

① 先准备机臂4个，上中心板一个，$M2.5 \times 6$的内六角螺丝（图3-4）16个。

图3-4 $M2.5 \times 6$内六角螺丝

② 如图3-5所示，将机臂和机架上中心板摆成图示样子。

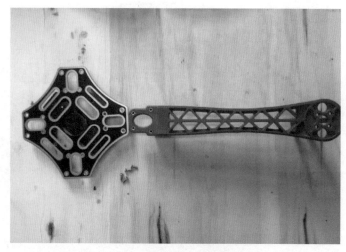

图3-5　安装1号机臂所用零件

③ 如图3-6所示，用4个M2.5×6的螺丝将机臂和上中心板一角简单固定在一起，请注意先不要拧紧螺丝，以防有螺丝孔对不正拧不进去螺丝的情况出现。

图3-6　1号机臂与上中心板的安装位置

简单固定好每一个螺丝后，按照图3-6检查。如果安装错误，请按图及时调整；如果安装正确，就可以将螺丝拧紧了。

以同样的方法将剩下的2号、3号和4号机臂分别与机架上中心板安装在一起。安装时需注意一下机臂颜色，机头方向的机臂应该是同色，机尾方向的机臂应该是同色。

④ 如图3-7所示，四个机臂与机架上中心板安装完成后样子。

图3-7　四个机臂与机架上中心板组装完成后的整体图

 注意

　　本节中机架的安装采用红色机臂为机头方向，黑色机臂为机尾方向。

　　此时安装还未结束，还需要将机架下中心板、脚架和已经安装好的机臂安装在一起，步骤如下：

⑤ 准备下中心板一个，脚架4根，$M2.5 \times 10$ 内六角螺丝8个。

⑥ 如图3-8所示，将组装好的机臂和上中心板反转过来平放于桌面上。把下中心板放在机臂上面，螺丝孔要与机臂上的螺丝孔对齐，摆成图示样子。

提示

　　下中心板分正反面。如图3-8所示将有焊点的一面要面向上中心板，没有焊点的一面面向安装者摆放。

图3-8　摆放下中心板

⑦ 完成上一步后，如图3-9所示，再将脚架放置于下中心板上，孔位与下中心板孔位对齐，用2个*M*2.5×10的螺丝将三者固定在一起。

图3-9　脚架与下中心板安装图

⑧ 安装完成后按照图3-9进行检查。如果安装错误，请按图及时调整；如果安装正确，以同样的方法将剩下3个脚架分别与下中心板及机臂安装在一起。安装完成后的脚架如图3-10所示。

图3-10　安装脚架完成图

提示

　　如果没有选购脚架，只需按照步骤6将已经固定在上中心板上的机臂与下中心板用M2.5×6的内六角螺丝8个固定在一起即可。摆放方式如图3-8所示。

3.2　电调和供电线的焊接

3.2.1　电调的焊接

　　电调的焊接分为两种：一种是直接焊接到下中心板的焊点上；另一种是将电调的正极线焊接到一起，将负极线也焊接到一起。第二种方法适用于不带焊点的机架，当然也可以单独买一块分电板用来焊接电调供电线。

本书中采用的是中心板自带焊点及走线的F450机架，故而是直接将电调焊接在下中心板上。

(1) 焊接工具

焊接所用的工具有电烙铁、焊锡丝、松香等，如图3-11所示。焊接之前应该学习基本的焊接技能，可以先用铜丝或者铁丝练手，尝试用电烙铁把两根金属丝焊接到一起。

图3-11 焊接工具

 小知识

焊接电调的基础知识

① 电调供电线分正负极。电调的供电线分为红黑和白黑两种，其中红色或者白色线表示电调的正极，要焊接到符号为"+"的焊点；黑色线表示负极，要焊接到符号为"－"的焊点。

② 机架下中心板内分布有正负两种焊点,即标有"+"号的焊点用于与电源正极或电调的正极线相焊接;标有"—"号的焊点用于与电源的负极或电调的负极线相焊接。

(2) 电调的焊接步骤

① 首先准备20A电调4个,机架下中心板一个。

② 将一个电调与下中心板摆放成如图3-12所示,分别在中心板这对焊点上和电调的电源正负极线上镀锡。

③ 将电调的红色或白色正极电源线焊接到下中心板上带有"+"号的焊点上;将黑色负极电源线焊接到下中心板上带有"—"号的焊点上。

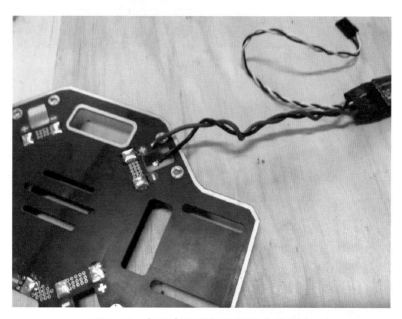

图3-12 电调电源线与下板焊点的焊接

提示

焊接时,焊点要尽量保证饱满干净以防虚焊,两个焊点之间不要连有焊锡,防止发生短路。

④ 重复步骤③中的过程，将其余三个电调焊接到下中心板的其他三对焊点上。四个电调都焊接好后如图3-13所示。

图3-13　焊接好的四个电调

3.2.2　电源供电线的焊接

① 首先截取10cm左右电源线红色和黑色各一段，准备XT60母头电源插头一个，如图3-14所示。

图3-14　电源线和电源插头

② 焊接时先在插头焊点和电源线上镀锡，将红色正极电源线与 XT60 电源插头上带有"+"号一侧焊点焊接在一起；将黑色负极电源线与 XT60 电源插头的"−"号焊点焊接在一起，然后使用热缩管将裸露的焊点包裹起来。如图 3-15 所示。

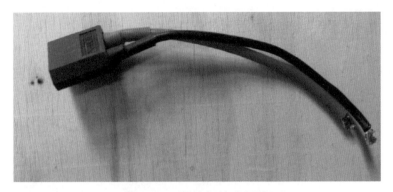

图 3-15　焊接好的电源线

③ 在下板焊点和电源线另一端上镀锡，将焊好电源插头的电源线焊接到下中心板对应的供电焊点上。红色正极线焊接在带有"+"号的焊点上，黑色负极线焊接到带有"−"号的焊点上。焊接好的电源线如图 3-16 所示。

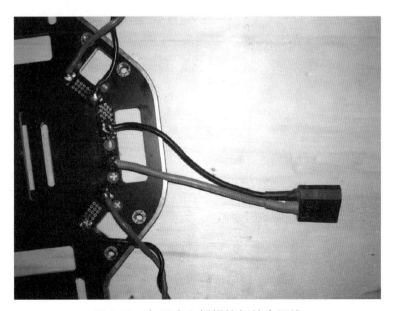

图 3-16　与下中心板焊接好的电源线

3.3 入门级开源飞控APM的装机及调试

3.3.1 整机的组装

在此之前我们刚刚学习了如何按照正确的顺序和方法组装F450四旋翼机架，也完成了必备的焊接工作，接下来就要进行四旋翼整机的组装了。在组装整机之前，我们还是要先理清组装整机都有哪些步骤：

① 机臂和脚架的安装；
② 上中心板的安装；
③ 电机的安装；
④ 电机与电调线的连接；
⑤ 飞控的安装；
⑥ 飞控、电调、接收机之间的连线及供电；
⑦ 电调的校准和电机转向的调整；
⑧ 螺旋桨的安装；
⑨ 外设的使用，包括GPS、外置罗盘、电流计、OSD、数传。

（1）机臂和脚架的安装

如图3-17所示，首先准备四根脚架、四根机臂、焊接好电调的下中心板、8颗$M2.5\times10$的内六角螺丝、一个$M2.5$的内六角螺丝刀。

如图3-18所示，将电调电源线从机臂与下中心板之间的空孔中穿出，用$M2.5\times10$的内六角螺丝将机臂和脚架分别安装到焊接好电调和电源线的下中心板上。

图 3-17　机臂、脚架与下中心板的安装

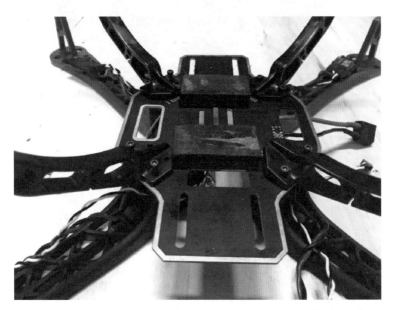

图 3-18　用 $M2.5 \times 10$ 的内六角螺丝固定脚架、下板和机臂

安装时可以先用螺丝将每个脚架和机臂简单固定在下中心板上，之后再统一将螺丝上紧，这样做的好处是可以防止螺丝孔对不齐而拧不进螺丝的情况。

如果现有的F450机架没有脚架，则可以选择较短的$M2.5\times6$的螺丝来固定下中心板与机臂。笔者组装F450机架时习惯将红色机臂安装到下中心板较长方向作为机头，读者可以根据自己的喜好选择颜色和方向。

（2）上中心板的安装

准备上中心板一块，$M2.5\times6$内六角螺丝16枚，将上中心板如图3-19所示摆放到步骤（1）中已经安装好的机架上面。把电调的信号线从机臂与上板的空孔中穿出，用16颗$M2.5\times6$的内六角螺丝将上中心板固定到机臂上。

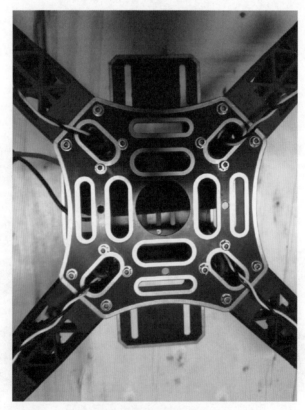

图3-19　固定好的上中心板

（3）电机的安装

准备焊接好"香蕉头"的两正两反2312无刷电机四个，*M*3内六角螺丝16个，*M*3内六角螺丝刀一个。如图3-20所示。

图3-20　左边两个是反转电机，右边两个是正转电机

提示

电机轴上带有螺纹的电机有正反之分。反转电机所用的螺母需顺时针旋转上紧，正转电机所用的螺母需逆时针旋转上紧。在机架上安装电机时要区分正反转电机安装位置，不可将正转电机安装到反转电机的位置上。不同转向电机的正确安装位置如图3-21所示，CCW表示反转电机，CW表示正转电机。

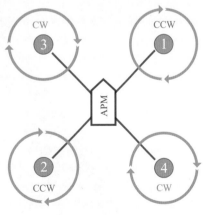

图3-21　正反转电机安装位置及电机转向

以2号反转电机的安装为例。如图3-22所示，将电机线从机臂的空孔中穿出，用M3螺丝从底部将电机固定在机臂上。其余三个电机的安装与2号电机相同，安装时要注意正反转电机的安装位置。

图3-22　2号反转电机安装在2号机臂上

（4）电机与电调线的连接

如图3-23所示，将步骤（3）中安装好的电机和与其在同一机臂上的电调连接并用电工胶布或者扎带将电调绑紧在机臂上。

图3-23　电机与电调连接

提示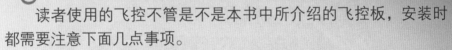

　　连线时可直接将三根电机线与电调的三根输出线任意连接而不用注意线序问题，在随后的电调校准环节中会专门测试电机转向是否正确。如果有电机转向不对，只需将这个电机与电调连线中的任意两根交换连接即可改变电机转向。

（5）飞控的安装

　　安装飞控比较简单，但是如果不注意细节，很可能产生严重的后果。在此分别介绍两种不同飞控的使用，一种是本节中的开源APM飞控，另一种是闭源的NAZA飞控。

　　读者使用的飞控不管是不是本书中所介绍的飞控板，安装时都需要注意下面几点事项。

　　① 区分飞控板的正反面。如果飞控正反颠倒，飞控板上的传感器会出现混乱。

　　② 分清飞控的机头方向。一般的飞控都会有一个箭头指向飞控的正前方，表示机头方向。

　　③ 注意飞控板的安装位置。飞控板通常安装在无人机机架的中心位置。

　　④ 飞控板安装时要与机架平面平行。

　　⑤ 飞控板中烧写的是什么程序。如果飞控板中烧写的是六旋翼无人机的程序而把它装到四旋翼飞行器上，很可能飞机不会起飞或者直接在地面翻机。

　　① 区分飞控板的正反面

　　以APM飞控为例，飞控板上写有文字FORWARD（前面）的一面是飞控板的正面，此面上分布有各种针脚，用于连接电子器件和传感器使用。这一面应该朝上安装在无人机机架上，如图3-24所示。

② 分清飞控板的机头方向

如图3-24中飞控安装方向所示，我们将机架的红色机臂方向（即箭头方向）定义为无人机的机头方向。飞控板上的箭头指向应该与无人机机头方向一致。

图3-24　无人机的正前方

③ 飞控板的安装位置

飞控板应该安装于无人机机架的中心位置，安装飞控板之前我们要先将飞控减震支架用3M双面胶固定在F450机架的上中心板的正中心。注意区分支架的正反方向，减震支架由两块板子组成，面积大的一面位于下方安装，如图3-25所示。

安装完飞控减震支架后再将飞控板用3M双面胶固定在减震支架上。需要注意的是飞控那个板的机头方向与无人机机架机头方向相同且飞控板中心要与机架上中心板重合。安装好的飞控板如图3-26所示。

图 3-25 减震支架安装

图 3-26 安装好的飞控板

④ 飞控板中烧写的是什么程序

我们所使用的APM飞控板是一款可以支持固定翼飞机、多旋翼飞机、汽车、船等多种模型的飞控板，其中的多旋翼机型中又分四轴、六轴、八轴等不同机型可选，如图3-27所示。

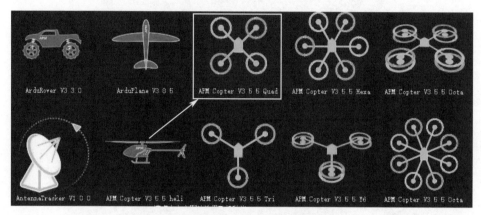

图3-27　APM飞控支持的模型种类

我们制作的无人机属于四旋翼无人机，所以要选择上图中的四旋翼无人机固件进行烧写。

（6）飞控、电调、接收机之间的连线及供电

图3-28　APM飞控板内部图

安装完APM飞控之后，我们就要进行连线工作了。需要按照相应的接线规则分别连接飞控与电调，以及连接飞控与遥控器的接收机。

在正式连线之前我们首先要知道APM飞控各针脚的定义和功能。如图3-28所示。

针脚定义：

❶ 数传接口

❷ 模拟传感器接口

❸ 增稳云台输出接口

❹ ATMEGA2560 SPI 在线编程接口（可用于光流传感器）

❺ USB 接口

❻ 接收机信号输入接口（接收来自遥控器的信号）

❼ 功能选择跳线

❽ GPS 接口

❾ I2C 外接罗盘接口

❿ ATMEGA32U2 SPI 在线编程接口

⓫ 多功能可配置MUX接口（默认为0SD输出）

⓬ 电流电压接口

⓭ 电调供电选择跳线

⓮ 电调输出接口

① 飞控与电调连线

知道了APM的针脚定义后我们就可以开始接线了。首先将飞控与电调信号线相连接。

在图3-27中标号14的区域就是APM飞控的电调输入接口，从下到上依次是一号电调接口，二号电调接口，三号电调接口，四号电调接口，分别连接图3-29中的1号电机、2号电机、3号电机、4号电机（电调编号与电机编号相同）。

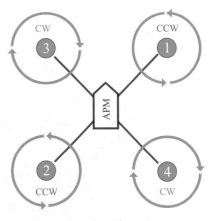

图3-29 电机电调编号图

在连线时需要注意，在飞控板标号14的电调接口处针脚上标有3个标记：S，"+"号和"–"号，如图3-30（a）所示，分别表示信号，电源正极和接地线。与电调颜色的对应关系是，S对应白色或黄色的线，"+"号对应红色电源线，"–"号对应黑色接地线。要注意每个电调都要按照这个顺序接线。飞控连接好电调后如图3-30（b）所示。

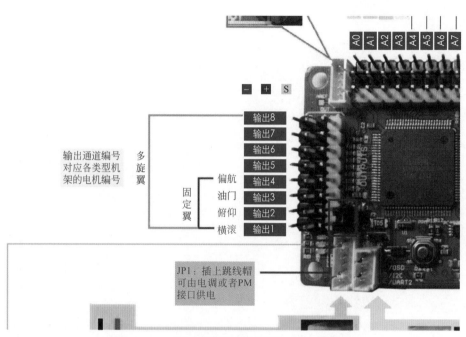

(a)APM飞控电调输入针脚

(b)连接好电调线的飞控

图3-30　APM飞控电调针脚和连接

② 飞控与接收机连线

飞控连接好电调后，接下来就要连接接收机了。接收机的连线同样不能掉以轻心，因为接收机需要接收来自遥控器传来的信号并传送给飞控板。如果接收机与飞控的连线有错误，飞控就不能正常处理来自接收机的信号或处理的不是本通道的信号。

在图3-27中标号6的区域就是飞控连接接收机的输入引脚，从下到上依次是输入通道1、输入通道2、输入通道3、输入通道4等，分别连接接收机的一通道、二通道、三通道、四通道等。在图3-31中能更直观了解如何接线。

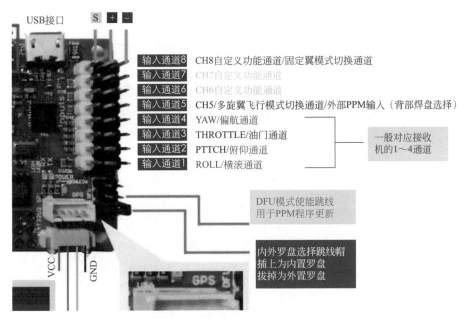

图3-31　飞控的接收机输入通道

如图3-32所示，接收机从上到下依次标有白色的1、2、3、4等数字的引脚分别代表接收机的1通道、2通道、3通道、4通道等。

连接好接收机的飞控如图3-33所示。为解决接收机供电和飞控切换飞行模式的问题，除了连接必需的1～4通道外又多加了一根3P线，分别连接接收机5通道和飞控5通道，这样接收机就可以从飞控上取5V电压了。连接好接收机后我们可以用3M双面胶将接收机固定在机架的某个空位置。

图 3-32　乐迪接收机

图 3-33　连接好的接收机和飞控

　　截至目前，我们已经完成了飞控最重要的两部分连线。接线完毕后一定要按照正确的规则认真检查接线是否有错误，以防上电后出现问题。

③ 无人机的供电

在此之前我们已经将飞控与接收机、电机电调连接起来了，接下来要做的就是如何为飞控板、接收机和无人机的电机供电了。

由于笔者使用的是自身不带BEC 5V输出的电调，所以飞控不能直接通过电调从电池取5V电压。为此，我们为飞控配备了专门的电源模块，即电流计，如图3-34所示。

图3-34　电流计的连接

连接时首先将电流计与无人机机架上已经焊接好的电源线连接，然后把电流计上专门用来为飞控供电的6P线插头连接到飞控板上标记有PM字母标记的插口上，插线时要注意插口方向。

当连接好电流计后，把锂电池与电流计另一端的XT60插头连接，此时无人机就通上电了。飞控板、接收机指示灯会亮起，电调会发出滴滴声，表示通电正常。若上电后出现白烟、烧焦味则表示通电异常，需立刻断电，检查线路问题。

如果连接电流计后通电正常，可以将电流计放到上下中心板夹层中间，将6P供电线从上中心板的空孔中穿出再连接飞控，这样使无人机布线更美观，如图3-35所示。

图 3-35   正确放置电流计

（7） 电调的校准

　　校准电调的目的是让电调记录遥控器油门行程的
最低点和最高点位置，每次更换新的遥控器或者电调
时都需要重新校准电调。

　　进行电调校准之前首先要为遥控器和接收机对码，不同品牌遥控
器的对码方式不同。笔者使用的是乐迪遥控器，对码步骤是：先打开
遥控器，再给接收机通电。然后用一根细棍按对码开关 1 ～ 2 秒钟，
接收机灯闪 8 次左右之后停止闪烁，表示对码成功。

　　电调校准基于所使用电调的不同品牌，所以要始终参考所使用品
牌的电调的文档来查看特定信息（比如音调）。

　　校准电调的方法有两种，一种是"多个电调同时校准"的方法，
适用于已经全部组装完毕的飞机使用；另一种是"手动逐个电调校
准"的方法，适用于单个电调的校准。这两种方法当一种失败时可以
尝试另一种。

方法一：多个电调同时校准（适用于组装完毕的无人机）

在校准电调之前，请确保飞行器上没有安装螺旋桨，APM飞控没有通过USB连接到电脑，锂电池也没有连接到飞机。

① 打开发射机并将油门摇杆置于最大，如图3-36所示。

② 将无人机连接锂电池。如图3-37所示，当APM上的红、蓝、黄LED灯循环亮起时拔掉电源。

③ 油门依然保持高位，重新连接锂电池，此时APM就进入到电调校准模式了。

④ 等待电调发出音乐声，"滴"音的数量通常表示电池的芯数（3S即为3声，4S即为4声）。之后的两个"滴"音表示最大油门已被捕获。

图3-36 遥控器油门最高

图3-37   连接锂电池的无人机

图3-38   遥控器油门最低

⑤ 此时把遥控器油门拉到最低，如图3-38所示。电调接下来会发出长音表示最小油门已被捕获，校准完成。

电调现在是"激活"状态，如果把油门升高电机就会全部转起来。这也就是为什么校准电调前一定要拆掉螺旋桨的原因。

⑥ 退出校准：油门依然保持最低，然后断开无人机锂电池并重新连接电池，此时无人机就进入正常飞行模式了。

方法二：手动逐个电调校准（适用于单个电调的校准）

💡 **安全检查**

　　在校准电调之前，请确保飞行器上没有安装螺旋桨，APM没有通过USB连接到电脑，锂电池也没有连接无人机。

　　① 将电调的3P信号线连接到遥控接收机的油门通道，通常为3通道。如果电调信号线是2P线则需单独为接收机供5V电。

　　② 打开遥控器，然后将遥控器油门摇杆置于最高。

　　③ 将电调供电线连接电池，会听到一段音乐声后有两个"滴"音。在两个"滴"音之后，表示电调已经记录遥控器最高油门。

　　④ 此时将遥控器油门摇杆迅速拉到最低，然后会听到几声"滴"音。发出几声就代表所使用的电池有几片电芯。随后一个长"滴"声表示遥控器油门最低已被记录，电调已完成校准。

　　⑤ 断开电池，将剩下的所有电调都按照上述步骤逐个完成校准。

🚁 **小窍门**

　　如果采用上述方法出现电调不能校准的情况，说明遥控器的油门通道可能需要设置反向。如果尝试了这些方法之后仍遇到问题（比如，电调仍旧响个不停），可以将油门微调调低50%。

（8）电机转向的调整

💡 **安全检查**

　　在调整电机转向之前，请确保飞行器上没有安装螺旋桨。

　　如图3-39所示，四旋翼无人机机头朝上，四个电机中左下（2号）和右上电机（1号）应该逆时针旋转，左上电机（3号）和右下电机（4号）应该顺时针旋转。

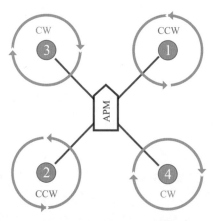

图3-39　四旋翼无人机电机转向

　　当完成本节介绍的电调校准后，将无人机重新上电。遥控器油门摇杆保持最低并打开遥控器，解锁飞控后慢慢将油门摇杆向上推，此时电机会旋转起来。仔细观察电机旋转方向，若有电机转向与图3-39中的转向不同则断开电源，将此不同转向电机中与它相连接电调的三根线中任意交换两根，如图3-40所示，重新上电。推动油门会发现电机转向改变，这和无刷电机的三相交流特性有关。

图3-40　交换电机与电调任意两根连线可改变电机转向

（9） 螺旋桨的安装

　　螺旋桨并不是随意安装的。如果螺旋桨安装错误，在试飞时很可能会出事故造成不可挽回的损失。

　　螺旋桨的安装规则如下：正桨（图3-41）安装在逆时针旋转的电机上；反桨（图3-42）安装在顺时针旋转的电机上（这里所说的电机转向是从上向下看确定的）。

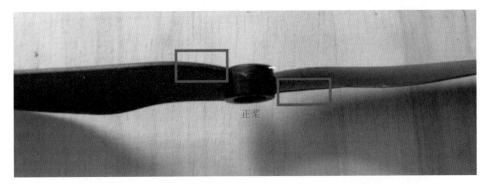

图3-41　辨别正桨

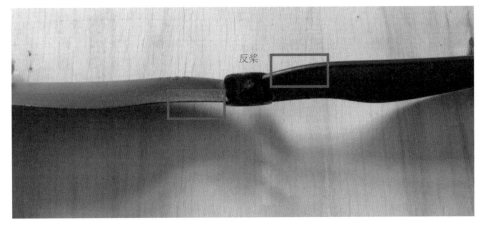

图3-42　辨别反桨

　　安装桨时一定要严格按照正确的规则安装，还要把固定桨的螺母拧紧使螺旋桨与电机轴不会打滑。所有桨安装完毕后请认真检查是否有安装错误。正确的螺旋桨安装如图3-43所示。

图 3-43　螺旋桨安装正确的四旋翼无人机

(10) 外设的使用

① GPS的使用

APM默认支持MTK和UBX协议输出的GPS。安装GPS时，请注意GPS的机头方向，它的指向应该与APM的机头指向相同。连接时将GPS的5P插头连接到APM上的GPS接口上，如图3-44红色方框所示。

GPS默认波特率为38400，一般购买的成品APM专用GPS直接插上就可以用。如果非APM专用的GPS则需要修改对应APM的波特率和输出协议才行。

数据线的连接遵循TX对RX，RX对TX的原则。GPS与APM连接正确后，APM板上的蓝色LED灯会亮起。没定位时蓝灯闪烁状态，定位以后蓝灯常亮。APM需要搜到5颗星以上才能显示定位成功，使用GPS时请多等待一会。

图 3-44 GPS 的安装

② 外置罗盘的使用

外置罗盘使用的是I2C接口。因其使用的I2C总线跟内置罗盘的I2C总线其实是同一条总线,所以使用外置罗盘时需将内置罗盘的总线断开,否则两个罗盘都接在I2C总线上会引起冲突。

V2.5.2版本的APM断开内置罗盘的方法是断开罗盘芯片上方的一个两点焊盘,如图3-45所示。而新版的V2.8版本只需要拔掉MGA跳帽即可,如图3-46所示。

图 3-45 V2.5.2版本APM飞控

拔掉跳线帽
屏蔽内置罗盘

图3-46 V2.8版本APM

③ 电流计的使用

电流计一般是在FPV飞行时,在地面站上或者屏幕上用来显示电池电流和电池电压。它的另一个功能就是可以用于低电压的故障保护。电流计具体接线方法在上一节中已有说明,连接好电流计后还需在MP中配置以下参数,如图3-47所示。

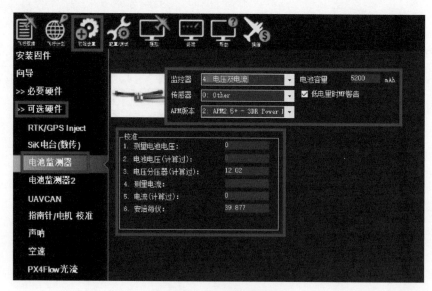

图3-47 电流计的设置

④ OSD的使用

在新版 V2.8.0 中，OSD 的连接可以使用 MUX 接口。使用 MUX 接口时，需要把 APM 板子背面的 OSD 焊盘连上，具体方法可参照图 3-48 接线图的指示。OSD 只需要连接三根线即可，即 APM 的 VCC，GND，TX（对应 OSD 上的 RX）。APM 使用的是需要支持 MAVLink 协议的 OSD。连接好 OSD 后还需要配置 OSD，具体参见所使用的 OSD 的配置说明。

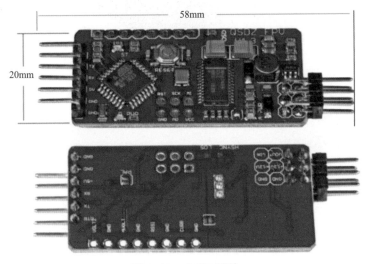

图 3-48　OSD 模块

⑤ 数传的使用

APM 使用数传进行通信时，需使用支持 MAVLink 协议的全双工数传，普通数传无法使用。笔者推荐使用 3DR 数传。

在使用 3DR 数传（图 3-49）时，与 MP 的连接波特率为 57600。使用数传连接时，除了不能为 APM 下载固件外，其他用法与使用 USB 线基本无异。

提示

特别强调一点，数传与 USB 线不能同时使用，USB 处于连接状态时，数传接口会被自动切断。

图 3-49　3DR 数传发射与接收

3.3.2　利用开源地面站调试无人机

（1）Mission Planner 开源地面站的安装

Mission Planner 的安装运行需要微软的 Net Framework 4.0 组件。所以，在安装 Mission Planner 之前请先下载 Net Framework 4.0 并安装。官方下载地址为：

https：//www.microsoft.com/net/download/windows

安装完 Net Framework 后开始下载 Mission Planner 安装程序包，最新版本的 Mission Planner 可以在官方下载，地址为：

http：//firmware.ardupilot.org/Tools/MissionPlanner/

下载页面中每个版本都提供了 MSI 版和 ZIP 版可供选择。以图3-50 为例，MSI 为应用程序安装包版，安装过程中会同时安装 APM的 USB 驱动，安装后插上 APM 的 USB 线即可使用。ZIP 版为绿色免安装版，解压缩后即可使用，但是连接 APM 后需要手动安装 APM 的USB 驱动程序，驱动程序在解压后的 Driver 文件夹中。如果是第一次安装使用，建议读者下载 MSI 版。

Type	Filename	Date	Size
↰	**Parent Directory**	--	--
📁	archive	--	--
📁	beta	--	--
📄	checksums.txt	Apr 9 02:34	47K
📁	gstreamer	--	--
📁	LogAnalyzer	--	--
📄	MissionPlanner-1.3.55.msi	Mar 27 22:54	94M
📄	MissionPlanner-1.3.55.zip	Mar 27 22:54	98M
📄	MissionPlanner-1.3.56.msi	Apr 8 23:49	94M
📄	MissionPlanner-1.3.56.zip	Apr 8 23:49	98M
📄	MissionPlanner.appx	Apr 9 01:43	138M
📄	MissionPlanner-latest.msi	Apr 9 02:35	25
📄	MissionPlanner-latest.zip	Apr 9 02:33	25
📄	README.txt	Apr 30 2014	209
📁	sitl	--	--
📄	sync_mp.sh	Jan 30 2017	454
📄	unpack_mp.sh	Apr 18 2017	750
📁	upgrade	--	--
📁	xp	--	--

图3-50 Mission Planer地面站下载

下面以安装MSI版为例（注意：安装前请不要连接APM的USB线）。双击下载好的MSI文件，然后一步一步点击"Next"即可，直到完成后点击"Finish"，如图3-51所示。

图3-51 Mission Planer的安装

如图3-52所示,当安装过程中弹出"设备驱动程序安装向导"时,请点击"下一步"继续,否则会跳过驱动程序的安装。

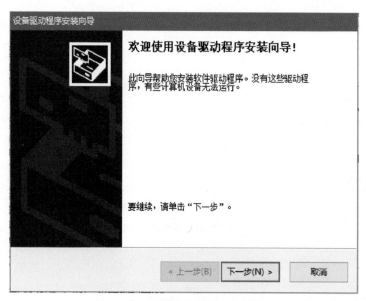

图3-52　设备驱动程序安装向导

点击"下一步"后,会出现图3-53中Windows消息提示框,需勾选"始终信任"后再点击"安装"即可,直到安装完成点击"完成"。

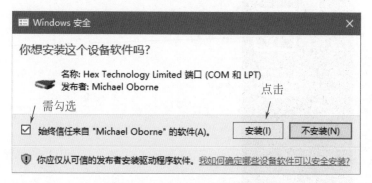

图3-53　Windows安全提示

安装完Mission Planner后一般不会自动在桌面创建一个快捷方式。所以请自行打开安装目录,选择"Mission Planer.exe"应用程序文件,右键选择发送到桌面快捷方式(图3-54),以方便后面的使用。

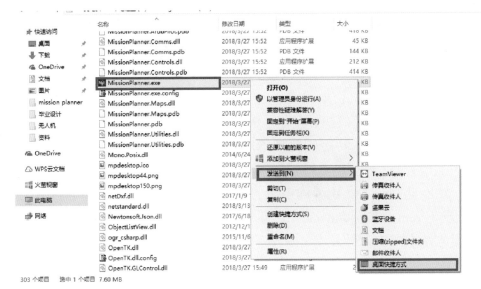

图 3-54 发送应用程序到桌面快捷方式

提示

有些精简版GHOST系统和64位WIX7系统因缺少相关文件，会提示驱动安装不成功。无法安装驱动的解决办法是在设备管理器中打开端口，右键点击叹号后点击更新驱动程序。驱动是否成功安装的标志就是在设备管理器中是否正确识别了标识为Arduino Mega 2560的端口号，如图3-55所示。

图 3-55 驱动安装成功

（2） 认识Mission Planer开源地面站的界面

新版Mission Planner已将大部分菜单汉化，非常适合初学者使用。如图3-56所示，主界面左上方有8个主菜单图标按钮，第一个"飞行数据"显示实时的飞行姿态和飞行数据；后面的"飞行计划"是任务规划菜单；"初始设置"用于固件的安装、升级以及一些基本设置；"配置调试"包含了详尽的PID调节、参数调整等内容；"模拟"是给APM刷入特定的模拟器固件后，将APM作为一个模拟器在电脑上模拟飞行使用；"终端"是一个类似DOS环境的命令行调试窗口，功能非常强大。主界面右上方是端口选择、波特率选择以及连接/断开（connect/disconnect）按钮。Mission Planer开源地面站的具体使用方法本书中后续还有相关说明。

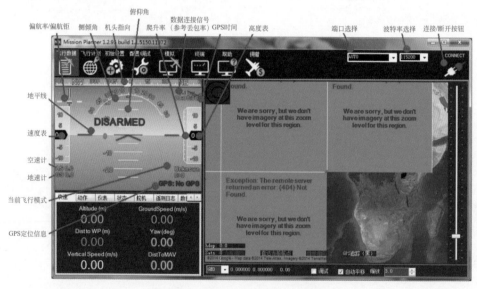

图3-56　Mission Planer首界面

（3） 固件的安装

在此之前我们已经安装了Mission Planer开源地面站，也了解了它的基本界面，现在就要为已经组装好的四旋翼无人机安装固件了。

固件安装前请先将APM飞控用USB线连接到电脑。确保电脑已经识别到APM的COM端口后，打开Mission Planner开源地面站

（以下简称MP）软件。在MP主界面的右上方"端口选择"下拉框中选择所连接的COM口。一般情况下，正确识别的COM口都会有Arduino Mega 2560标识，直接选择带这个标识的COM口，然后在"波特率选择"中选择115200。如图3-57所示。

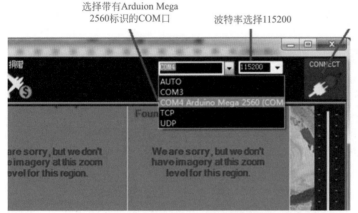

图3-57　APM飞控的设置

！注意

①安装固件时请不要点击"连接（connect）"按钮。APM进行固件安装时必须断开端口连接。如果之前已经连接了APM飞控，那么显示的将是"断开连接（disconnect）"。此时请点击"断开连接（disconnect）"，否则固件安装过程中会弹出错误提示。

②请不要使用无线数传安装固件。虽然无线数传跟USB有同样的通信功能，但它缺少reset信号，无法在刷写固件的过程中给飞控板的主控芯片复位，会导致安装失败。

接下来点击菜单栏中的初始配置（Install setup）选项。MP提供了两种方式升级安装固件：一种是手动模式，另一种是向导模式。

如果读者选择向导模式进行固件安装，会一步一步地以对话方式提示选择飞控板、飞行模式等参数。虽然这种模式比较人性化，但是有个弊端，就是向导模式会在安装过程中检索电脑端口。如果检索端口后因为电脑性能的差异，端口没有有效释放的话，后续的固件烧写会提示不成功。所以使用向导模式升级安装固件的出错概率比较大。

我们建议读者使用手动模式安装固件。如图3-58所示，选择菜单栏里的"初始设置"，点击"安装固件"。窗口右侧会自动从网络下载最新的固件并以图形化显示固件名称以及固件对应的飞机模式，我们选择"四轴固件"点击安装。

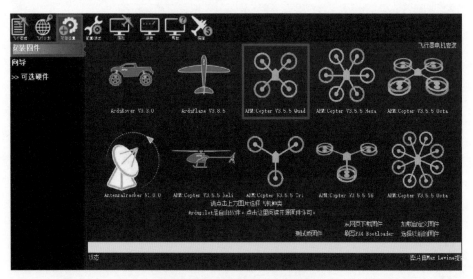

图3-58　选择固件进行安装

选择安装固件后，MP就会自动从网络下载与飞行器相匹配的最新固件到APM飞控板中。在此过程中首先会进行检测控制板的版本。完成检测后如果MP弹出一个提示框："此控制板已经退出历史舞台了，Mission Planer将会上传最后一个支持的版本到您的控制板"，只需点击OK后继续安装固件。

点击OK后MP会将最新的固件下载到飞控板中。当下载完成后会自动进行下一步，即验校固件。此时飞控板指示灯蓝灯高频闪烁。当固件验校完成后MP会提示完成，此时就完成了固件的安装，如图3-59所示。

如果想使用一个历史版本的固件，那么请点击右下角"选择以前的固件"选项，如图3-60所示。点击后会出现一个下拉框，只要在下拉框里选择自己需要的固件进行安装就可以了。

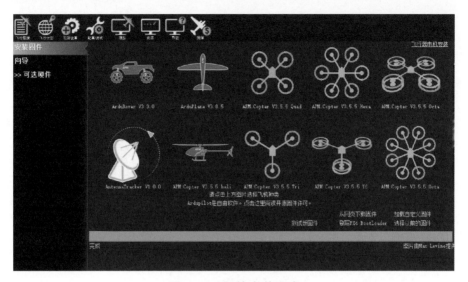

图3-59 固件安装完成

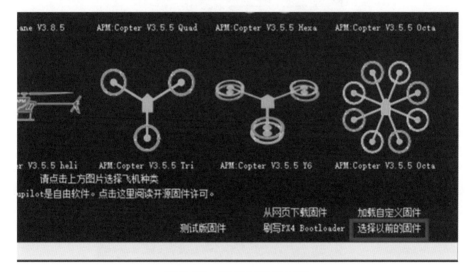

图3-60 选择以前的固件

　　无人机每次安装完新的固件后必须重新校准所有传感器。此时我们将飞控板用USB线连接到电脑，打开MP，在主界面的右上角选择"连接"。连接好后MP会提示一系列错误，比如PreArm：RC not calibrated（遥控器未校准）、PreArm：INS not calibrated（加速度计未校准）、PreArm：Compass not calibrated（罗盘未校准）等，如图3-61～图3-63所示。

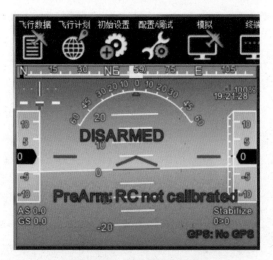

图3-61　遥控器未校准

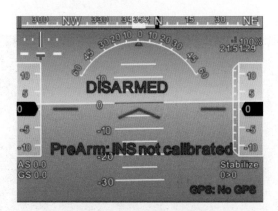

图3-62　加速度计未校准

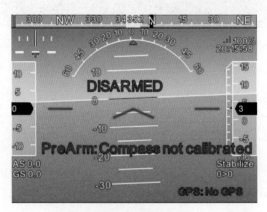

图3-63　罗盘未校准

（4）传感器校准

注意：APM的固件会默认启用GPS模块。如果无人机没有配备GPS模块，在连接MP后会报错，所以需要禁用GPS模块。方法是连接无人机和电脑，将APM连接MP，在MP中选择"配置/调试"，找到全部参数表。在全部参数表中找到AHRS_GPS_USE，把1改成0并写入APM，此时APM就可以不使用GPS模块了。

（5）遥控器校准

首先进行遥控器校准。将上一节中组装好的无人机连接至电脑，并打开MP软件，选择连接飞控板。如图3-64所示，依次点击菜单栏中的"初始设置"，选择"必要硬件"中的"遥控器校准"。

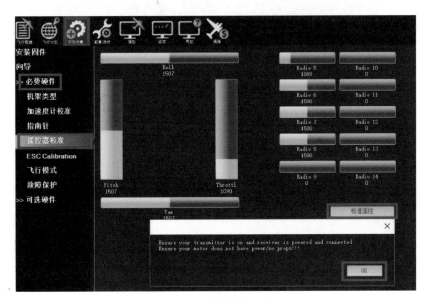

图3-64　遥控器校准界面

此时会出现图3-64下方的提醒，中文意思是"确认你的遥控发射端已经打开并且接收机已经通电、连接"。此时打开遥控器开关，点击对话框的OK选项。

此时飞控板已经检测到遥控器油门了。如图3-65所示，下面将遥控器的所有摇杆和开关拨到各自行程的最大位置，使MP界面上的绿色提示条移动到上下限最大位置，让飞控记录下遥控器各摇杆和开关的最大和最小行程。

图3-65　遥控器校准方法

当遥控器校准完成后按照软件提示点击"完成时点击"选项，再点击弹出对话框的OK按钮，就完成遥控器的全部校准了。

（6）加速度计校准

加速度的校准建议在竖直墙壁旁进行。我们以竖直的墙壁作为APM飞控加速度计校准时的垂直姿态参考，另外当然还需要一块水平的桌面或者地面作为APM飞控加速度计校准的水平姿态参考。

点击图3-66中"必要硬件"中的"加速度计校准"选项，点击右侧区域中的"校准加速度计"。在将飞行器如图3-67所示放置在水平平面上后，点击"校准水平"按钮。由于MP版本不同，也可能出现Place vehicle level and press any key（请把飞行器水平放置后按任意键继续）。此时可将飞行器水平放置在平整地面或桌面上，点击键盘任意键完成水平校准。

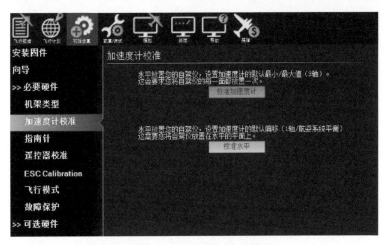

图3-66　加速度计校准界面

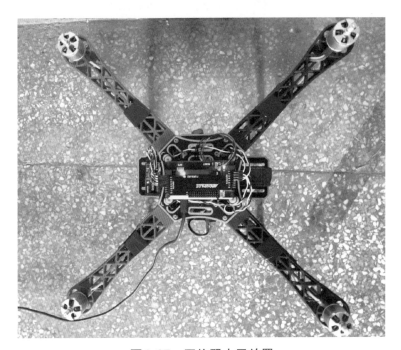

图3-67　四旋翼水平放置

完成水平校准后按任意键继续，就会出现第二个提示：Place vehicle on its LEFT side and press any key（请把APM左侧垂直立放后按任意键继续）。此时如图3-68所示将飞行器左侧向下靠墙垂直立放在水平地面上，点击键盘任意键完成左侧校准。

图3-68　四旋翼左侧立放在地面

完成第二个左侧校准动作按任意键继续后，就会出现第三个动作的提示：Place vehicle on its RIGHT side and press any key（请把APM右侧垂直立放后按任意键继续）。此时如图3-69所示将飞行器右侧向下靠墙垂直立放在水平地面上，点击键盘任意键完成右侧校准。

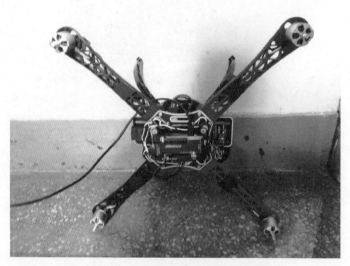

图3-69　将四旋翼右侧立放在地面

完成第三个右侧校准动作按任意键继续后，就会出现第四个动作的提示：Place vehicle nose DOWN and press any key（请把APM机头向下垂直立起然后按任意键继续）。现在如图3-70所示将飞行器机头向下靠墙垂直立放在水平地面上，点击键盘任意键完成机头侧校准。

图3-70 将四旋翼机头向下垂直立放在地面

完成第四个右侧校准动作按任意键继续后，就会出现第五个动作的提示：Place vehicle nose UP and press any key（请把APM机头向上垂直立起然后按任意键继续）。如图3-71所示将飞行器机头向上靠墙垂直立放在水平地面上，点击键盘任意键完成机尾侧校准。

图3-71 将四旋翼机头向下立放在地面

完成第五个右侧校准动作按任意键继续后，还会出现第六个动作的提示：Place vehicle on its BACK and press any key（请把APM正面向下水平倒放后按任意键继续）。此时如图3-72所示将飞行器倒转后水平放在地面上，点击键盘任意键完成无人机背部校准。

图3-72　将四旋翼反转平放在地面

当弹出画面Calibration successful（校准成功）后，恭喜你，可以进行下一步的罗盘校准了。如果失败会弹出画面Calibration FAILED，请按照上述步骤重新校准即可。

（7）罗盘校准

罗盘校准的页面和加速度校准一样在同一个菜单下，点击"初始设置"下的"必要硬件"，选择"指南针"。如图3-73所示，勾选对应的设置以后点击"现场校准（Live Calibrad）"。

此时会弹出一个提示对话框（图3-74），请单击OK并且将自动驾驶仪机头指向北方绕所有轴做圆周运动。让无人机绕X轴、Y轴和Z轴每个轴至少转一次，即俯仰360°一次，横滚360°一次，水平原地自转360°一次。如图3-75所示，转动时画面上的坐标轴会跟着无人机一起转动，将各轴白点连接起来直到自动确认校准成功。

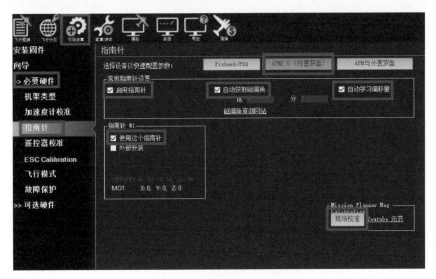

图3-73 罗盘校准界面

图3-74 提示对话框

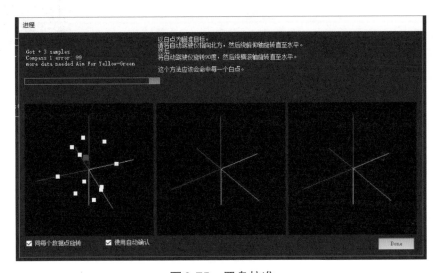

图3-75 罗盘校准

在转的过程中，系统会不断记录罗盘传感器采集的数据。图3-75左上方的Samples数据量将不断累加（如果Samples数据没有变化，请检查罗盘是否连接正确）。60秒后会弹出一个数据确认菜单，点击OK保存，就完成了罗盘的校准。

如果使用的是外置罗盘，请在图3-73的右上部选择"APM与外置罗盘"。然后选择"外置罗盘安装方向"，最后点击"现场校准"后转动外置罗盘。

> **关于外置罗盘的选择**：如果使用的是外置罗盘，就需要禁用内置罗盘。V2.5.2版本APM禁用内置罗盘的方法是断开罗盘芯片边上的一个预设焊盘焊点；V2.8.0版本的APM只需要拔掉板上标记为MAG的跳线帽即可。在校准过程中，如果外置罗盘是芯片字符向下安装的，则需要在Roll180下拉框中选择Roll_180。意思就是罗盘芯片横滚了180°安装，机头方向不变。也可以自定义外置罗盘的机头指向，例如可以选择Yaw_45（机头偏转45°），Pitch_180（俯仰翻转180°安装，机头机尾调换）等。

(8) 无人机的解锁

完成了遥控校准、加速度校准和罗盘校准后，就可以开始尝试为无人机解锁了（做这一步时，无需连接电机也可以实现。只要连接MP或者查看LED观察是否成功解锁就行）。

APM的解锁动作是以检测到第三通道最低值 + 第四通道最高值为标准的，即油门最低，方向最右。所以无论是左手油门还是右手油门，只要操作摇杆使油门最低，方向摇杆最右（PWM值最大）即可执行APM的解锁动作，如图3-76所示。

当APM收到解锁信号后，APM会先自检，红灯开始闪烁，自检通过。如图3-77所示，红灯常亮（地面站中红色的文字"已锁定"会变成"已解锁"），表示解锁成功。此过程会持续3秒，所以解锁时请保持油门最低，方向最大的动作3秒以上。需要注意的是：APM

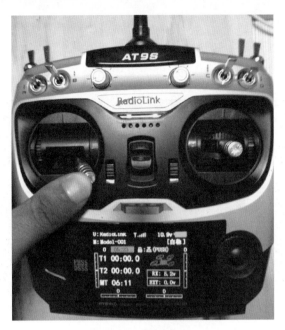

图 3-76　解锁动作

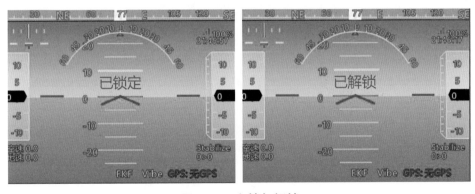

图 3-77　上锁与解锁

解锁以后，如果15秒内没有任何操作，它会自动上锁。手动上锁的方法是：油门最低，方向最左（PWM最低）。

关闭解锁怠速功能：如果已经连接了电机电池，APM 3.1版之后的固件在解锁后电机就会怠速运转起来，以此提醒APM此时已处于工作状态，请注意安全。这个功能的安全意义非常大，但如果不想使用这个功能，也可以关闭。关闭方法：连接MP与APM，之后如图3-78所示点击配置调试（Config/Tuning）菜单，选择全部参数表

（Full Parameter List）。在全部参数表中找到MOT_SPIN_ARMED参数，将它的值改为0即可关闭解锁怠速功能，默认是70。改完以后不要忘了点击窗口右边"写入参数"按钮进行保存。

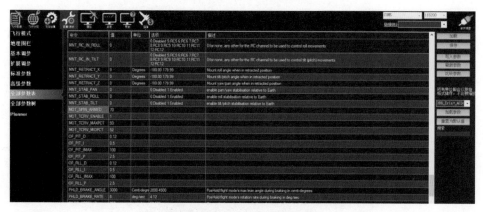

图3-78　油门怠速的选择

　　跳过自检解锁：APM的解锁有一项安全机制，它会先检查陀螺仪、遥控器、气压计、罗盘数据。如果其中某个数据存在问题，比如陀螺倾斜过大（机身没有放平），或者气压数据异常，APM就不能解锁，红色LED快闪发出警告。如果不想使用这个自检功能，可以设置为"跳过自检解锁"：连接MP与APM，点击配置调试（Config/Tuning）菜单，选择全部参数表（Full Parameter List），在全部参数表中找到ARMING_Check参数，将它的值改为0即可关闭解锁检查功能，默认是1。一般情况下请不要关闭这个功能。

　　需要注意的是：APM只有处于Stabilize（自稳），Aero（运动模式），AltHold（定高），Loiter（定点）这几种飞行模式时才能解锁。如果不能解锁，请检查飞行模式是否正确，一般情况下建议从Stabilize模式下解锁。

（9）飞行模式配置

　　在实际飞行中，APM的功能切换是通过切换飞行模式实现的。APM有多种飞行模式可供选择，但一般一次只能设置六种，加上CH7，CH8两个辅助通道，最多一次设置八种飞行模式。

为此，需要遥控器中的一个通道支持可切换六段PWM 值输出，一般以第五通道作为模式切换控制通道（固定翼则是第八通道）。当第五通道输入的PWM值分别在0~1230，1231~1360，1361~1490，1491~1620，1621~1749，1750+ 这六个区间时，每个区间的值就可以开启一个对应的飞行模式。推荐的六个PWM值是1165，1295，1425，1555，1685，1815。

如果遥控器具备这个功能，那么就可以按照下文配置APM飞行模式了。如果不具备，建议通过遥控器的使用说明，设置遥控器两个通道混控，就可以将遥控改为六段输出。否则也许只能配置3个甚至2个飞行模式了。

配置飞行模式前同样需要连接MP与APM，之后如图3-79所示点击"配置调试（Config/Tuning）"菜单，选择"飞行模式"，就会弹出如下的飞行模式配置界面。

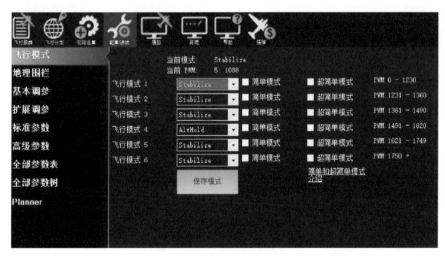

图3-79 飞行模式设置

配置界面中六个飞行模式对应的PWM值，以及是否开启简单模式或超简单模式都一目了然，飞行模式只需在下拉框中选择即可。

出于安全考虑，一般建议读者将0~1230设置为RTL（返航模式），其他5个请自行配置。有一个原则，就是要保证模式切换开关随时能切换到Stabilize（自稳）模式上。选择好六个模式后请点击"保存模式"进行保存。

常用飞行模式的说明

!注意

如果无人机没有安装GPS模块，则不能使用有GPS参与的飞行模式，只能选择自稳模式、手动控制模式、定高模式这三种飞行模式。

① Stabilize（自稳模式）

自稳模式是使用得最多的飞行模式，也是最基本的飞行模式，起飞和降落都应该使用此模式。自稳模式下，飞控会让飞行器保持稳定，是初学者进行一般飞行的首选，也是FPV（第一视角）飞行的最佳模式。一定要确保遥控器上的开关能很方便无误地拨到该模式，应急时会非常重要。

② Acro（手动控制模式）

这个是非稳定模式，这时APM将完全依托遥控器的控制，新手慎用。

③ ALT_HOLD（定高模式）

定高模式（Alt Hold）是使用自动油门，试图保持目前高度的稳定模式。定高模式时高度仍然可以通过提高或降低油门控制，但中间会有一个油门死区。油门动作幅度超过这个死区时，飞行器才会响应你的升降动作。当进入任何带有自动高度控制的模式时，目前的油门将被用来作为调整油门保持高度的基准。在进入高度保持前请确保悬停在一个稳定的高度。飞行器可以随着时间补偿不良的数值。只要它不会下跌过快，就不会有什么问题。

离开定高（高度保持）模式时请务必小心，此时的油门位置将成为新的油门。如果不是在飞行器的中性悬停位置，将会导致飞行器迅速下降或上升。在这种模式下不能降落及关闭电机，因为现在是利用油门摇杆控制高度，而非电机。请切换到稳定模式，才可以降落和关闭电机。

④ Loiter（定点悬停模式）

定点悬停模式是GPS定点 + 气压定高模式。应该在起飞前先让

GPS定点，避免在空中突然定位发生问题。其他方面跟定高模式基本相同，只是在水平方向上由GPS进行定位。

⑤ AUTO（自动模式）

自动模式下，飞行器将按照预先设置的任务规划控制它的飞行。由于任务规划依赖GPS的定位信息，所以在解锁起飞前，必须确保GPS已经完成定位（APM板上蓝色LED常亮）。

切换到自动模式有两种情况：

a.如果使用自动模式从地面起飞，飞行器有一个安全机制防止误拨到自动模式时产生的误启动，所以需要先手动解锁并手动推油门起飞。起飞后飞行器会参考最近一次ALT Hold定高的油门值作为油门基准。当爬升到任务规划的第一个目标高度后，开始执行任务规划飞向目标。

b.如果是在空中切换到自动模式，飞行器首先会爬升到第一目标的高度，然后开始执行任务。

⑥ RTL（返航模式）

返航模式需要GPS定位。GPS在每次解锁前的定位点，就是当前的"家"的位置。GPS如果在起飞前没有定位，在空中首次定位的那个点，就会成为"家"。进入返航模式后，飞行器会升高到15m（如果已经高于15m，就保持当前高度），然后飞回"家"。还可以设置高级参数选择到"家"后是否自主降落，或者悬停多少秒之后自动降落。

⑦ Circle（绕圈模式）

当切入绕圈模式时，飞行器会以GPS定位的当前位置为圆心绕圈飞行。而且此时机头会不受遥控器方向舵的控制，始终指向圆心。如果遥控器给出横滚和俯仰方向上的指令，将会移动圆心。与定高模式相同，可以通过油门来调整飞行器高度，但是不能降落。圆的半径可以通过高级参数设置调整。

⑧ Guided（指导模式）

此模式需要地面站软件和飞行器之间通信。连接后，在任务规划器Mission Planner软件地面界面上，在地图上任意位置点鼠标右键，选弹出菜单中的"Fly to here"（飞到这里），软件会要求输入一个高度，然后飞行器会飞到指定位置和高度并保持悬停。

⑨ FollowMe（跟随模式）

跟随模式的基本原理是：操作者手中的笔记本电脑带有 GPS，此 GPS 会将位置信息通过地面站和数传电台随时发给飞行器，飞行器实际执行的是"飞到这里"的指令。其结果就是飞行器跟随操作者移动。

（11）简单模式与超级简单模式的选择

① 简单模式（Simple Mode）

简单模式相当于一个无头模式。每个飞行模式的旁边都有一个简单模式（Simple Mode）复选框可以勾选。勾选简单模式后，飞机将解锁起飞前的机头指向恒定作为遥控器前行摇杆的指向。这种模式下无需担心飞行器的姿态，对新手非常有用。

② 超级简单模式（Super Simple Mode）

飞行器以起飞点为圆心，远离这个方向是前方，锁定相对于起飞点的方向。例如：无论飞机往哪边飞，只要往前推，飞机就远离起飞点。超级简单模式是需要 GPS 全程支持的，解锁前必须完成 GPS 锁定"家"的位置。外接 GPS 模块蓝灯长亮，GPS 记录的参考点就是解锁时"家"的位置。起飞后离家一定距离（大于 10m）后推杆就是飞离起飞点，拉杆就是飞向起飞点。不管在什么方向，向左向右拨杆就是绕起飞点左右转圈飞行。这里的起飞点确切地说就是解锁时"家"的位置，操作者需要站在起飞点操作飞机。

（12）设置飞行器的失控保护

一般情况下不建议使用这个 APM 自身的故障保护功能。APM 的故障保护是建立在自身 MCU 运行的基础上的，增加了一个故障保护相当于在 MCU 的实时运行中增加了一个 if 运行条件。

当故障触发条件处于临界非稳状态时，if 的反复触发有可能影响 MCU 的运行而使飞行器坠毁。所以如果要使用故障保护功能，建议使用遥控器自带的失控保护功能，比如设置遥控接收机在失去遥控信号时，五通道输出 PWM 值使 APM 切换到返航模式或者着陆模式，而油门通道保持失控前的值。

APM的故障保护是在"初始设置\必要硬件\故障保护"菜单中进行配置的，如图3-80所示。

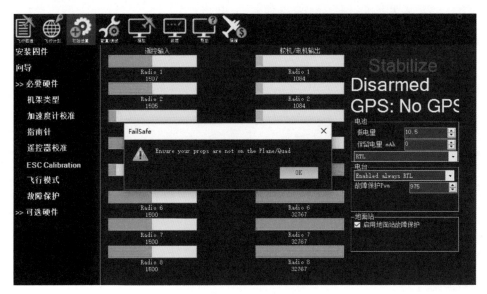

图3-80 故障保护设置

触发APM故障保护的条件有：油门PWM值过低、电池电压（需电流计）过低等可选。当达到触发条件时，比如油门PWM值低于设定的值以后，就可以启动失控保护选项了。失控保护选项有RTL（返航）、继续任务、LAND（着陆）等可选。

3.4 入门级闭源飞控NAZA lite的装机及调试

在3.3节中我们学习了APM飞控的安装与调试，相信读者已经对无人机系统有了较为深刻的理解，也知道了一台无人机都由哪些重要部件组成。

接下来在本节中要学习的NAZA飞控是一款由大疆（DJI）研发的闭源飞控。相比于安装调试复杂的APM开源飞控而言，闭源的NAZA飞控的安装和调试可以说是非常简单了。下面就一起来利用NAZA闭源飞控制作一台四旋翼无人机吧。

3.4.1 NAZA lite的装机

无人机的主体安装已经在本章第3.1、第3.2以及第3.3节中的部分内容中详细介绍完毕。本节主要介绍NAZA飞控的安装，这一节中对无人机主体的组装不做重复介绍。

在本书第2章的飞控介绍中已经带大家认识过NAZA飞控了，也对NAZA飞控的各项性能参数做了详细的介绍。读者可以翻阅第2章中NAZA飞控部分进行回顾，下面就开始NAZA飞控的装机。

如图3-81所示，是NAZA飞控（GPS版本）的全部零件。包括飞控本体、LED、PMU供电模块、GPS模块、GPS支架、数据线、3M双面胶、3P连接线和说明书。

图3-81　NAZA飞控套件组成

此前已经对四旋翼的组装进行了详细的讲解，所以在这里就不重复介绍四旋翼的装机过程了，必要的地方只做简要说明。

NAZA飞控的安装主要分为以下步骤。

① 将四个电调按照正确的方式焊接到F450机架的下中心板上。PMU模块和供电线插头一起焊接到F450机架下中心板上的供电焊点上，如图3-82所示。

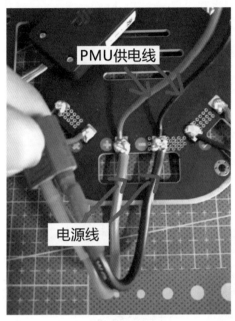

图3-82　将PMU电源线和供电线焊接在下中心板的供电焊点上

② 将NAZA飞控按照图3-83进行连线，包括飞控与接收机、电调、GPS和PMU的连线。

飞控与普通接收机连线时分别将接收机的1通道、2通道、3通道、4通道、5通道依次与飞控的A、E、T、R、U连接（图3-84）；与S-Bus接收机连接时将接收机的S-Bus接口与飞控的X2接口相连（图3-85）。

飞控与电调连接时分别将1号电机的电调信号线、2号电机的电调信号线、3号电机的电调信号线、4号电机的电调信号线按顺序依次连接到飞控的M1、M2、M3、M4接口上，如图3-86所示。

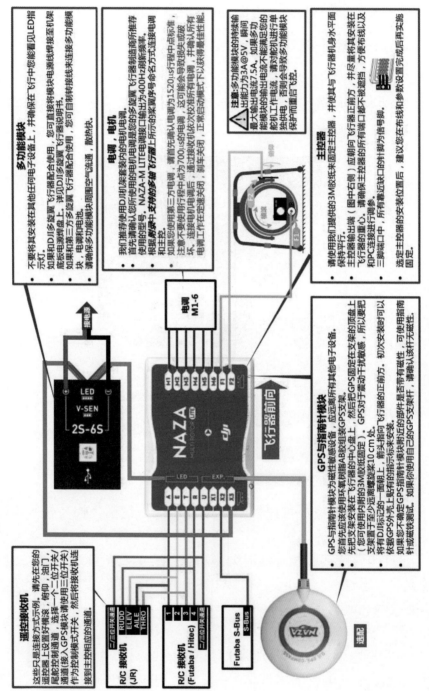

图 3-83 NAZA 飞控连线图

图3-84　NAZA飞控与普通接收机的连线

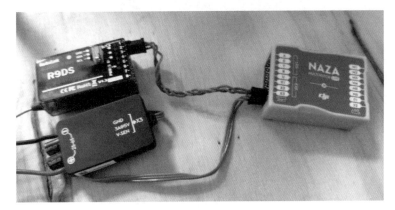

图3-85　NAZA飞控与S-Bus接收机相连

图3-86　NAZA飞控与电调线相连

在这里电调的编号与之前介绍APM飞控安装时的电调编号不同，请读者一定要注意不要连错接口。如图3-87标号所示，红色箭头表示NAZA的机头方向，读者需特别注意区别清楚NAZA飞控的机头指向。

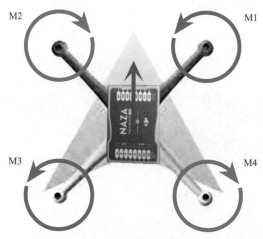

图3-87　NAZA飞控的电调电机编号
及电机转向图

GPS与飞控的连接：仅需将GPS的插头按照正确的方向插到飞控的EXP插口上。PMU与飞控的连接：仅需将PMU的3P线按照正确的方向插到飞控的X3插口上。LED灯连接在飞控的LED插口上，连接好所有线后如图3-88所示。

③ 将飞控用3M双面胶固定于F450机架下中心板的正中央，飞控机头方向与机架机头方向相同。飞控的机头方向如图3-87中红色箭头指示方向，安装好的NAZA飞控如图3-89所示。

将GPS模块用3M双面胶固定在安装好的GPS支架上。注意GPS的安装方向：GPS的箭头方向应指向无人机机头方向（图3-90）。然后将机架的上中心板安装好（图3-91），此时NAZA飞控的装机工作就基本完成了。整理连接好的飞控线路使布线美观，安装好的无人机如图3-92所示。

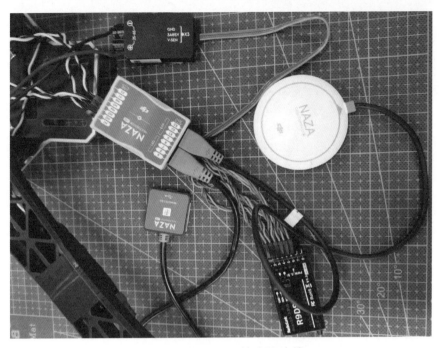

图3-88   NAZA飞控实际连线

图3-89   固定好的飞控

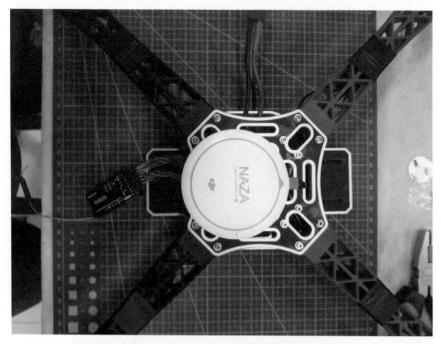

图3-90　GPS箭头指向机头方向安装在GPS支架上

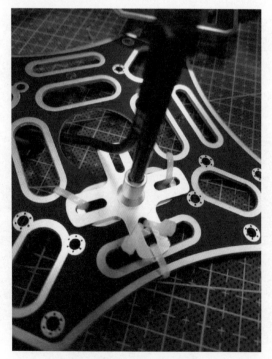

图3-91　用扎带将GPS支架固定在上中心板上

图3-92　完成的四旋翼无人机

3.4.2　利用闭源地面站调试无人机

（1）闭源地面站的安装

读者可在大疆官网下载用于NAZA M-Lite飞控调试的软件DJI NAZAM Lite Assistant，下载地址是：

https：//www.dji.com/cn/naza-m-lite/download。

选择EXE或者ZIP文件下载DJI NAZAM Lite Assistant 1.0软件，安装DJI WIN驱动程序，读者也可以选择下载IOS系统的软件安装包进行安装。

下载好DJI NAZAM Lite Assistant 的安装包后，开始安装。如图3-93所示，按照提示一步步执行。

安装好DJI NAZAM Lite Assistant 1.0软件后进行驱动程序的安装，如下图3-94所示。

图3-93 软件安装

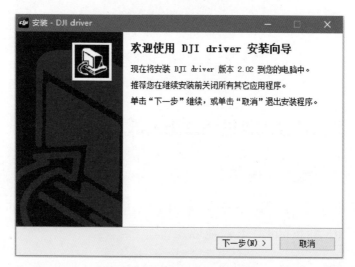

图3-94 驱动程序的安装

安装好的软件打开后界面如图3-95所示，秉承DJI一贯简洁的风格，使用起来也非常简单。

软件和驱动都安装完毕后，将大疆NAZA飞控与DJI NAZAM Lite Assistant 1.0用数据线连接。如果驱动安装没有问题，DJI NAZAM Lite Assistant软件会自动与飞控连接，连接成功后界面左下角的指示灯会有闪烁。如果飞控不能正常连接软件，则尝试更新电脑的驱动程序后再重新连接。

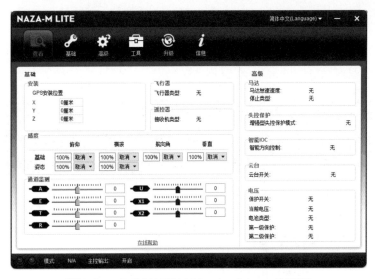

图3-95　DJI NAZAM Lite Assistant 首界面

（2） NAZA无人机的调试

　　如图3-96所示，通过USB线连接LED至电脑并将锂电池与无人机连接，运行DJI NAZA M Lite Assistant软件开始软件调试NAZA飞控。调试时将螺旋桨取下，以免发生危险。

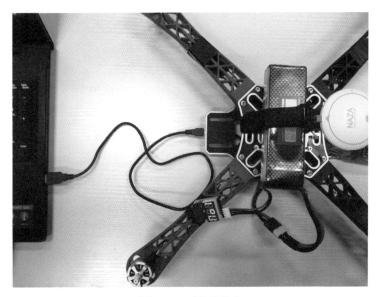

图3-96　调试准备

第一步：选择飞行器类型

首先选择软件菜单中"基础"选项下的"飞行器"，在界面右边的机型选择中选中四旋翼X型机型，如图3-97所示。

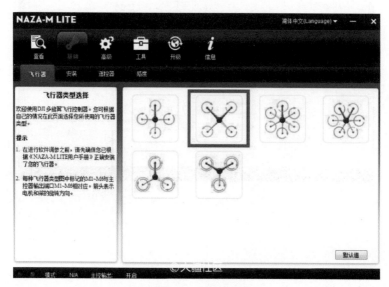

图3-97　机型选择

第二步：GPS设置

如图3-98所示，选择"基础"菜单中的"安装"，根据界面右侧弹出的提示信息要求，测量GPS相对飞控中心的X、Y、Z三个方向的偏差距离并将数据填入界面右下角的数据框中，按回车写入数据。需要注意的是，填写的数据有正负之分，正负数值与GPS相对飞控的安装位置有关。一定要仔细浏览界面中的提示信息，数据的单位是厘米。

第三步：设置遥控器

大疆的飞控所使用的遥控器都是双回中遥控器。读者可直接购买双回中遥控器，也可以购买配套的遥控器回中组件，将普通遥控器自行改装成双回中遥控器。

如图3-99所示，选择"基础"设置中的"遥控器"，在界面右侧是遥控器设置的所有选项。NAZA飞控支持三种不同类型的接收模式，

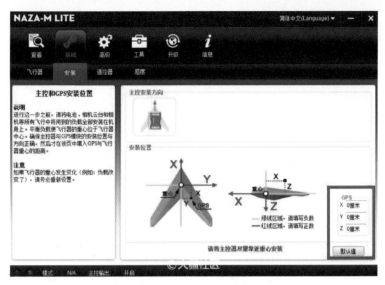

图3-98 GPS的设置

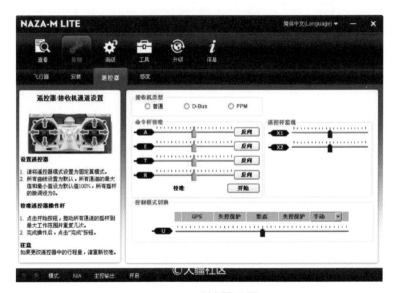

图3-99 遥控器设置

分别是普通（PWM接收机）、D-Bus接收机（S-Bus接收机）、PPM接收机。读者根据自己使用的接收机设置接收机类型，这里选择的是S-Bus接收机。成功连接接收机后，按照调试软件界面左侧的说明校准遥控器。校准遥控器时要将各摇杆和开关分别打到各方向的最大位置，并检查通道是否正常，通道方向是否反向，以及控制模式切换是否顺利。

使用S-Bus模式的接收机时，飞控其他通道的信号都以串行的方式从飞控的X2口输入，飞控模式的控制是通过遥控器中的第七通道完成的。

第四步：感度设置

感度设置通常采用默认参数就可以，默认值均为100%。但是不同的多旋翼飞行器因型号、电子调速器、电机和螺旋桨不同会导致感度有所不同，具体可以参照图3-100作调整。

序号	机架	配置信息					基本感度				姿态感度	
		电机	电调	桨	电池	起飞重量	俯仰	横滚	航向	垂直	俯仰	横滚
1	F330	DJI-2212	DJI-18A	DJI-8 Inch	3S-2200	790 g	140	140	100	110	140	140
2	F450	DJI-2212	DJI-30A	DJI-8 Inch	3S-2200	890 g	150	150	100	105	150	150
3	F550	DJI-2212	DJI-30A	DJI-8 Inch	4S-3300	1530 g	170	170	150	140	170	170

图3-100　感度调节

如果感度过大将导致飞行器在该参数所对应的方向上发生振荡；如果过小将导致飞行器难以控制。读者可以调节飞行器的俯仰、翻滚、飞行航向和垂直方向的感度让飞行器拥有更好的飞行表现。建议每次在原来的基础上改动小于10%，这是因为每次改动参数过大极有可能让飞行器难以控制而导致坠机。

第五步：高级设置

选择调试软件中的高级设置，在高级设置中可以设置无人机马达怠速速度、失控保护、智能IOC、云台和电池电压。

① 马达设置

如图3-101所示，首先选择马达（电机），怠速转速可以利用推荐值也可以自己定。然后选择马达的停止类型，推荐选择"智能"模式。

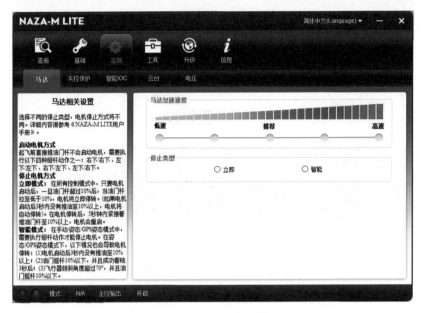

图3-101　马达设置

② 失控保护设置

失控保护设置（图3-102）可选择自动下降或者自动返航降落。失控保护可以在遥控器失去信号时无人机自行控制进行降落或者返航。

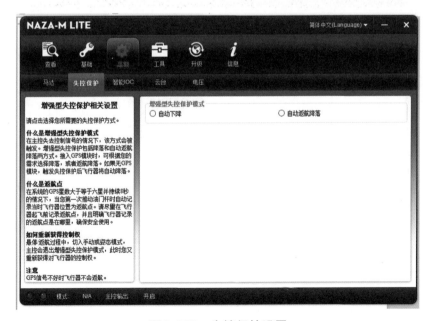

图3-102　失控保护设置

③ 智能飞行模式设置

无人机可通过智能IOC设置（图3-103），设置两种智能飞行模式：返航点锁定和航向锁定。将遥控器六通道设置到一个三段开关上，通过拨动各段开关观察模式变化，如果对应模式有误，可以通过调节遥控器中六通道最大最小行程来改正。

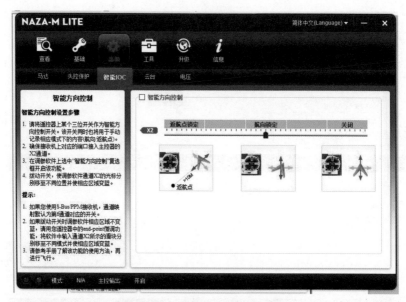

图3-103　智能飞行模式设置

④ 云台设置

如果读者为无人机配备了云台，可以对云台进行设置（图3-104）：云台是否开启、云台舵机的最大最小行程、云台自动控制的感度大小及手动控制速度。

⑤ 电池保护设置

如图3-105所示，在"高级"设置的"电压"项中，读者可以设置电池电压保护是否开启。如果选择开启，接下来需要设置电池的当前电压。如果当前电压有误，可以点击"校准"按钮并输入正确的电池当前电压，然后设置电池类型。

之后设置电池保护的第一级和第二级保护的电压值。当电池电压触发第二级保护后无人机将自动执行降落动作。所以要选择空旷无障碍物的场地飞行无人机，以免降落时坠机。

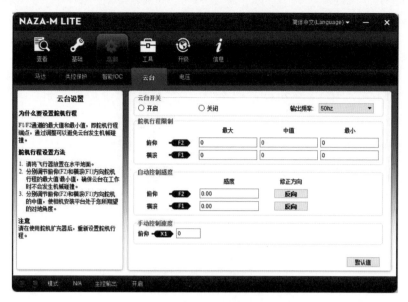

图3-104　云台设置

图3-105　电池保护设置

第六步：罗盘校准

截至目前，无人机的组装和调试都完成了，最后选择一个无强电磁干扰的地方进行罗盘校准。

校准方法是将无人机与电脑断开连接，单独与电池相连。快速上下拨动遥控器模式切换开关7次以上，观察LED灯状态。当飞控进入校准状态时LED灯红灯常亮，此时无人机将水平旋转一圈。完成后LED灯变为绿色常亮，此时将无人机机头向下旋转一圈，完成后LED灯开始闪烁。

　　如果此时无人机飞行模式是GPS模式，LED指示灯会闪烁三次红灯后闪烁一次绿灯，表示无人机校准正常。校准方法如图3-106所示。

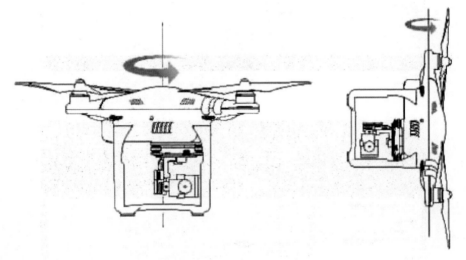

图3-106　罗盘校准方法

第七步：NAZA飞控的解锁和上锁

　　校准完罗盘后，接下来就是无人机的试飞了。

　　NAZA飞控的解锁方式与开源的APM飞控不同，是采用两遥控器摇杆同时向内下掰动，俗称内八解锁，如图3-107所示。

　　解锁后无人机的电机会怠速旋转起来，所以第一次测试解锁时请将螺旋桨拆下以保证安全。解锁后向上推动油门摇杆无人机电机会高速旋转，向下拉油门摇杆电机转速会下降。

　　NAZA飞控的上锁方式与解锁相同，也是采用内八掰杆。当无人机电机完全停转后再松开遥控器摇杆。

图3-107　NAZA飞控的解锁与上锁

第八步：NAZA无人机的试飞

首先将无人机的螺旋桨正确安装在电机上：机头朝前，以右上电机为起点，逆时针依次装正桨、反桨、正桨、反桨。螺旋桨一定要装紧，以免和电机发生打滑产生射桨事故。

然后找一个空旷的场地，周围没有人群和障碍物且天气状况良好，将无人机平置于地面。连接电池，等待无人机GPS定位完成。当定位完成后GPS指示灯蓝灯慢闪，此时将飞行模式打到GPS模式，将无人机解锁。

上推油门让无人机起飞至一定高度后油门回中，观察无人机悬停状况。如果无人机能稳定悬停说明无人机调试良好；如果无人机出现高度下降或上升，或者是前后左右飘移则说明无人机感度设置不合适，降落后可根据无人机出现的问题调节相对应的感度再进行试飞，如图3-108所示。反复调节直到无人机能稳定悬停并稳定飞行。

调节感度

①　参数每次调大10%直到飞行器出现轻微的抖动。

②　参数减小10%直到飞行器能够悬停，再减小10%。

③　此为合适感度。但飞行器改变姿态的速度变慢，按照该方法再调整姿态感度。

提示

① 垂直方向的感度对手动模式没有影响。

② 垂直感度是否合适，可以观察油门在中位时飞行器是否可以锁定当前高度。

操作感度调节

调节感度
1. 参数每次调大10%直到您的飞行器出现轻微的抖动。
2. 参数减小10%直到您的飞行器能够悬停，再减小10%。
3. 此为合适感度，但飞行器改变姿态的速度变慢，按照该方法再调整姿态感度。

远程调参设置
1. 请确保正确连接接收机和设置遥控器。
2. 在您想要调节的感度的远程调参选项中选择X1或X2。一个通道可以对应多个感度。
3. 远程调节的范围从当前感度值的一半至当前感度值的两倍。

提示
1. 垂直方向的感度对手动模式没有影响。
2. 垂直感度是否合适，可以观察油门在中位时飞行器是否可以锁定当前高度。

图3-108　NAZA飞控的感度调节

第4章 实验—— 四旋翼无人机的试飞

完成了无人机的组装和调试后，接下来就要进行无人机的试飞了。无人机的试飞是一件非常严谨的工作，飞行前必须对飞行器做全面检查，以防因为操作者的疏忽飞行无人机时发生危险。

在本章中详细介绍试飞无人机前需要做的各种检查和飞行前的注意事项，建议读者认真阅读本章内容后再实际操作无人机试飞。

4.1 无人机试飞前的检查及飞行注意事项

4.1.1 无人机试飞前的检查

飞行作业过程中意外事故很大一部分是因为前期飞行器检查工作不够仔细，飞行器上面任何一个小问题都极有可能导致在飞行过程中出现重大事故。因此在飞行之前应该做足检查，防患未然。

（1）上电前（图4-1、图4-2）

图4-1　试飞前要仔细检查机械部分是否有松动

图4-2　试飞前的无人机

机械部分的检查

① 检查螺旋桨是否完好，表面是否有污渍和裂纹。安装是否紧固，螺旋桨正反桨是否安装正确。转动螺旋桨看是否有干涉。

② 检查电机卡环是否牢固，转动电机是否有卡涩现象。电机线圈内部是否洁净，电机轴有无明显的弯曲。

③ 检查机架是否牢固，螺丝有无松动。

④ 检查云台舵机转动是否顺畅，有无干涉。检查云台、相机安装是否牢固。

⑤ 检查魔术贴是否牢固，电池是否固定。

⑥ 检查重心位置是否正确。

电子部分的检查

① 检查各插头连接是否紧密，插头与电线焊接部分是否有松动（杜邦插头、XT60、T插、香蕉头等）。

② 检查各电线外皮是否完好，有无剐蹭脱皮现象。

③ 检查电子设备是否安装牢固，应保证电子设备清洁、完整，做好防护。

④ 检查电子罗盘、IMU指向是否正确。

⑤ 检查电池有无破损、胀气、漏液现象。测量电压是否足够。

⑥ 检查遥控器模式是否正确，电量是否充足，开关是否完好。要先检查遥控器再给飞行器上电。

（2）上电后

① 电调指示音是否正确。

② 舵机工作是否正常，有无高频抖动。

③ 各电子设备有无不正常发热现象。

④ 各指示灯是否正常。

（3）预飞行

① 轻微推动油门，观察各个旋翼工作是否正常。举起飞行器晃动，看飞行器是否能够自稳。预飞前请取下螺旋桨。

② 进行前后左右飞行、自旋，观察飞行器飞行是否正常。检查遥控器舵量（摇杆偏移量）是否正确，各工作模式是否正确。云台是否正常工作。

③ 进行一个四边航线飞行。进行几个大机动飞行，观察飞行器工作是否正常。

4.1.2　试飞无人机时要牢记的注意事项

① 飞行前要进行全面的设备检查。

② 确保设备电量充足。

③ 飞行前应从电子地图上对飞行区地形地势进行初步的了解，选择一个开阔无遮挡的场地进行飞行，请勿超过安全飞行高度（相对高度120m）。

④ 飞机要在视线范围内飞行，时刻保持对飞机的控制。

⑤ 在GPS信号良好的情况下飞行。

⑥ 遵守当地法律法规（不要在禁飞区飞行，如机场附近、军事基地周边等）。

⑦ 注意无人机的开关机顺序。开机顺序：先开启遥控器，后开启飞机；关机顺序：先关闭飞机，后关闭遥控器。以上顺序非常重要，一定不要搞反了，不然会失控。

4.2　四旋翼无人机飞行的操作步骤

4.2.1　无人机的起飞

首先来看起飞过程（这里省略了接通电源的操作）。将无人机置于平垣空旷的场地，远离无人机，解锁飞控，缓慢推动油门等待无人机起飞，这就是起飞的操作步骤。

其中推动油门一定要缓慢，即使已经推动一点距离，电机还没有启动也要慢慢来。这样可以防止由于油门过大而无法控制飞行器。

在无人机起飞后，要注意不要一直保持油门不变。无人机到达一定高度，一般离地面约1m后开始降低油门，并不停地调整油门大小，使无人机在一定高度内上下徘徊。通过这种操作熟悉调整油门的感觉，即油门稍大使得无人机上升，或者油门稍小让无人机下降。在此过程中，必须将油门控制在可以让无人机保证飞行高度安全的程度。

在起飞时需要注意保证无人机的稳定，飞行器的摆动幅度不可过大，否则会打坏螺旋桨。图4-3为无人机低空定点飞行时的照片。

图4-3　无人机定点飞行

4.2.2　无人机的上、下、前、后、左、右运动

（1）无人机的上升过程

上升过程是无人机螺旋桨转速增加，无人机上升的过程。这一过程的主要操作杆是油门操作杆（美国手左侧摇杆的前后操作杆为油门操作，日本手右侧操作杆的前后为油门操作）。

练习上升操作时，假定无人机已经起飞。缓缓推动油门，此时无人机会慢慢上升。油门推动越多（不要把油门推动到最高或接近最高），上升速度越大。

在达到一定高度时或者上升速度达到自己可操控限度时停止推动油门。这时，会发现无人机依然在上升。若想停止上升，必须降低油门（同时注意，不要降低得太猛，保持匀速即可）直至无人机停止上升。如图4-4所示。

然而这时会发现无人机开始下降，此时需要推动油门让无人机保持高度。如此反复操作练习后飞行器即可稳定。

图4-4　无人机在空中

（2）无人机的下降过程

下降过程同上升正好相反。下降时，螺旋桨的转速会降低，无人机会因为缺乏升力开始降低高度。在开始练习下降操作前，要确保无人机已经达到了足够的高度。

在飞行器已经稳定悬停时，开始缓慢的下拉油门。注意，不能将油门拉得太低。在飞行器有较为明显的下降时，停止下拉油门摇杆。这时飞行器还会继续下降。同时，注意不要让飞行器过于接近地面，在到达一定高度时开始推动油门迫使飞行器下降速度减慢，直至飞行器停止下降。

这时会出现与上升操作类似的情况，即无人机开始上升。此时又要降低油门，保持现有高度，经过反复几次操作后飞行器可以保持稳定。

在这个过程中如果下降的高度太多，或者快要接近地面而无人机无法停止下降时，就需要加快推动油门速度（操控者要自行考量应该要多快）。但是注意查看飞行器姿态。如果若过于偏斜，则不可加速推动油门，否则有危险。如图4-5所示。

图4-5　无人机接近地面时

【3】无人机的俯冲过程

俯冲过程用于无人机的前进操作。俯冲操作时，无人机的头会略微下降，机尾会抬起。应对螺旋桨的转速则是机头两个螺旋桨转速下降，机尾螺旋桨转速提高，随之螺旋桨提供的合力就会与水平面有一定的夹角。

这样一来，不仅可以给飞机提供抵消重力的升力，而且提供了前行的力。此时升力也会减小，所以飞行器会降低，可以适当推动油门。

操作俯冲的摇杆，只要往前推摇杆，无人机就会俯冲向前。同样在俯冲前行时要注意，开始俯冲时要让飞行达到一定高度。对于新手，飞行最好离地一人以上的高度，并且确认无人机前行的"航线"上没有任何障碍物（并确保飞行时不会有障碍物移动到飞行器前方或附近）。

飞行时轻推摇杆，飞行器即开始向前飞行。摇动杆的幅度越大，飞行器前倾的角度也越大，前行速度越大。但是在推动摇杆的幅度过大时，机头前的螺旋桨可能会过低，导致飞行器前翻，或者直接坠机（有自稳器一般不会出现这个状况，但也不要轻易尝试）。

所以在推动摇杆俯冲时，推动幅度不能太大。一般只要无人机开始前行即可停止推动，保持摇杆现在的位置，让无人机继续向前飞行。同样，在飞行时需要使用其他摇杆来配合，以保持飞行方向。

（4）无人机的上仰过程

上仰过程用于无人机的后退操作，上仰练习与俯冲操作类似，只不过需要将摇杆从中间位置向后拉动。在拉动过程中，无人机尾部两个螺旋桨会缓减转速，机头两个螺旋桨会加快转速。然后会出现与俯冲操作相类似的现象，只不过无人机会向后退行。

所以在练习操作时需要确保无人机后退的线路上没有任何障碍物，包括操作者自己也不要站在无人机后面，以免发生意外。确保一切安全后就可以开始操作练习。

缓慢拉下摇杆，飞行器开始退行时停止拉动摇杆。这时飞行器会继续退行。到退行一段距离后，缓慢推动摇杆直到摇杆恢复到中间位置时停止推动，这时飞行器就会停止退行，上仰练习完成。

（5）无人机的左偏航过程

偏航练习，用于学习无人机改变航线的练习。左偏航练习是在无人机前行时，使得飞行器向左偏转的操作（类似于汽车左转弯）。

在操作偏航操作时，使用到的摇杆是油门摇杆，但是只有左右方向的才是偏航操作。在左偏航时，摇杆轻轻向左摆动。当摆动以后，无人机的机头会开始偏向。其实飞行器没有使用俯仰操作时，直接摇动偏航，无人机会原地旋转（类似于陀螺），转动方向与摇杆打的幅度有关系。摇杆偏离中心位置越大，转动的速度越快（当然为了不出意外，还是不要尝试偏离太多）。需要练习以下两种模式：

第一种，左转弯。这项操作需要使用俯冲动作来配合。首先需要使用俯冲操作让无人机前行，然后缓慢将油门杆向左打一点，然后停止操作（保持现在的摇 杆位置）。这时候飞行器已经开始向左转弯。保持摇杆位置大约 2 ～ 4 秒即可将油门杆的左右方向回中，右侧方向摇杆全部回中，这就是"左转弯"操作。

第二种，逆时针旋转。这一步操作说起来很简单，只需要将油门杆拨动到一侧即可。但是在旋转过程中可能无法保持正确位置（无人机会到处跑），所以在做旋转操作时需要慢慢来。首先，需要将油门杆轻轻拨动下，看到无人机开始有轻微的转动时停止拨动，保持现有位置。这时无人机会慢慢开始转动，同时应该注意无人机飞行方式。如果有些控制不住，立刻松开油门杆，让油门自动回中。 同时，准备控制方向杆控制飞行器位置。当发现飞行器在旋转时，就需要拨动油杆。操作飞行器旋转一圈后即可算是完成了旋转练习。

（6）无人机的右偏航过程

右偏航练习，同左偏航练习类似，只需要将摇杆向右打，也同样也需要两种练习，即右转弯和旋转。在此提醒读者，可以右偏航和左偏航来回交替练习效果更好。

提示

最后建议各位无人机新手在熟悉基础操作教程后，选择试飞场地时首选草坪，这样不容易摔坏。无人机新手最容易犯的错误是看见一飞高，紧张了就猛减油门，这样就会垂直落地。一定要有心理准备，在比较高的情况下，慢减油门才是正确的做法。

4.2.3 无人机的降落

降低油门，使飞行器缓慢接近地面。在这个过程中如果下降的高度太大，或者快要接近地面但是无人机无法停止下降时，就需要加快推动油门速度（操控者要自行考量应该要多快）。一定要注意查看飞行器姿态。若过于偏斜，则不可加速推动油门，否则有危险。

离地面约5~250cm处稍稍推动油门，降低下降速度；然后再次降低油门直至无人机触地（触地后不得推动油门）；油门降到最低，锁定飞控。相对于起飞来说，降落是一个更为复杂的过程，需要反复练习。

4.3 四旋翼无人机的飞行技巧及心得分享

4.3.1 天气因素对飞行的影响

影响无人机飞行的气象环境主要包括：风速、雨雪、大雾、空气密度、大气温度等。下面逐一介绍天气因素对无人机飞行的影响。

风速：建议飞行风速在4级（5.5 ~ 7.9m/s）以下，遇到楼层或者峡谷等注意突风现象。通常起飞重量越大，抗风性越好。

雨雪：市面上多数无人机设备无防水功能，故雨雪形成的水滴会导致飞行器电子电路部分短路或漏电情况。其次机械结构部分零件为铁或钢等金属材料，进水后会腐蚀或生锈，影响机械运动正常运行。

大雾：主要影响操纵人员的视线和镜头画面，难以判断实际安全距离。

空气密度：随着海拔高度的增加，大气层空气密度在减小。在空气密度较低的环境中飞行，飞行器的转速增加，电流增大，进而减少续航时间。

大气温度：飞行环境温度非常重要，高温主要不利于电机/电池/

电调等散热。大多数无人机采用风冷自然散热。温度环境与飞行器运行温度温差越小，散热越慢。

4.3.2　不同飞行模式下的飞行效果及使用体会

这一部分我们再次给出无人机的不同飞行模式，请读者体味其中的试飞效果和感触。

（1）自稳模式（Stabilize）

自稳模式是使用得最多、也是最基本的飞行模式。起飞和降落都应该使用此模式。此模式下，飞控会让飞行器保持稳定。一定要确保遥控器上的开关能很方便无误地拨到该模式，应急时会非常重要。

（2）手动控制模式（Acro）

这个是非稳定模式，这时APM将完全依靠遥控器进行遥控控制，新手慎用。

（3）定高模式（ALT_HOLD）

是使用自动油门，试图保持目前高度的稳定模式。要注意油门死区的影响。油门动作幅度超过这个死区时，飞行器才会响应升降动作。当进入任何带有自动高度控制的模式，目前的油门将被用来作为调整油门保持高度的基准。

（4）悬停模式（Loiter）

悬停模式是GPS定点＋气压定高模式。应该在起飞前先让GPS定点，以避免在空中突然定位时发生问题。其他方面跟定高模式基本相同，只是在水平方向上由GPS进行定位。

（5）简单模式（Simple Mode）

在每个飞行模式的旁边都有一个Simple Mode复选框可以勾选。简单模式时，飞机将解锁起飞前的机头指向作为遥控器前行摇杆的指向，对新手非常有用。

（6）自动模式（AUTO）

自动模式下，飞行器将按照预先设置的任务规划控制飞行。在解锁起飞前，必须确保GPS已经完成定位（APM板上蓝色LED常亮）。

（7）返航模式（RTL）

GPS在每次解锁前的定位点，就是当前"家"的位置。进入返航模式后，飞行器会升高到15m（如果已经高于15m，就保持当前高度），然后飞回"家"。

（8）绕圈模式（Circle）

飞行器会以当前位置为圆心绕圈飞行。此时机头不受遥控器方向舵的控制，始终指向圆心。圆的半径可以通过高级参数设置调整。

（9）指导模式（Guided）

此模式需要地面站软件和飞行器之间通信。连接后，在任务规划器Mission Planner软件界面上，在地图上任意位置点鼠标右键，选弹出菜单中的"Fly to here"（飞到这里），再输入高度数据，飞行器就会飞到指定位置和高度并保持悬停。

（10）跟随模式（FollowMe）

操作者手中笔记本电脑中的GPS会将位置信息通过地面站和数传电台随时发给飞行器，飞行器将跟随操作者移动。

4.3.3　如何操作遥控器能让无人机飞行平稳

初级阶段复习遥控器的使用及功能分配，练习无人机的平稳垂直起降，左、右、前、后的直线平移，培养自主操控意识。

中级阶段复习遥控器的使用及功能分配，养成良好的遥控器使用习惯，用GPS模式练习定点四面悬停，加强自主控制意识。

高级阶段复习遥控器的使用及功能分配，养成良好的遥控器使用习惯，用GPS模式练习360°自旋及水平8字飞行，直至可以在无GPS信号（姿态）的情况下控制无人机，可以操作无人机360°自旋及水平8字的飞行练习。

4.3.4　飞行无人机应该选择什么样的场地

（1）尽量避免周边电磁干扰源多的区域

现在主流的飞行器无线电遥控设备采用2.4G频段。而家用的无线路由均采用2.4G模段，发射功率虽然不高，但在城市区的数量大，难免会干扰遥控器的无线操控，导致失控。其次，为保证手机信号的覆盖率，国内三大电信运营公司（电信、移动、联通）在城内或乡镇地区密集性建设地面基站网络。虽然次无线发射信号的频率和无人机遥控设备的频率相差较大，但由于地面基站发射功率较大，当无人机靠近时，会直接影响飞控的正常工作。最后，部分较大型无线电设备将直接影响飞行。例如：雷达、广播电视信号塔、高压线（电弧区）等。

（2）尽量避免在人群稠密或闹市区飞行

人群稠密区人的流量大，坠机事故会对人造成伤害；公园的树木和花草多，无人机高速飞行时容易撞到树枝而受损；避免让无人机在水面上飞行，因为无人机视觉定位模块容易受到水面的影响，使无人机坠入水中；无人机飞行时还应注意地面相对环境的变化，特别是无人机在起飞和降落时，注意小孩、宠物的位置等。

（3）禁止在禁飞区飞行

随着近年来国内无人机技术的不断成熟，成本逐渐降低，无人机逐渐飞入了寻常百姓家，但是全国多地频繁曝出无人机闯入禁飞区域的危险事件。根据民航局的现有规定，民用机场都划有机场净空区，主要目的是为了保证飞机在起飞和降落期间的安全。

由于飞机在起飞和降落期间飞行高度低、机动能力差，遇到无人机等升空物，很难采取有效的手段及时规避，可能威胁飞行安全，或者造成航班延误。所以为了保障飞行安全，需要在飞机起降的区域创造一个干净的区域。这个区域的范围是跑道中心线两侧各十公里，两端各20公里的范围内。在这个机场净空保护区域内是不允许无人机进入飞行的。

《民用无人驾驶航空器空中交通管理办法》规定：

除机场附近外，还有飞行密集区、人口稠密区、重点地区（一般指军事重地、核电站、行政中心、地方政府临时划设区域）、繁忙机场周边空域也不允许无人机的飞行。

作为无人机爱好者一定要规避这些区域进行飞行。

根据民航局《轻小型无人机运行规定》以下三种情况是不需要审批的：

① 无人机在室内进行飞行；

② 七公斤以下的无人机在视距范围内的飞行；

③ 无人机在人烟稀少的地方，非人口稠密地区进行试验飞行。

如果您的飞行需求超过了这个范围，那就一定要向有关部门进行申请，审批之后再进行飞行。

第5章
解惑——
四旋翼无人机常见
问题及解决方法

5.1　地面站

5.1.1　开源地面站部分参数的中文注释

表5-1给出了开源地面站Mission Planner中的部分数据参数，读者可以作为手册参考使用。

表5-1　Mission Planner中一部分用户可调的APM参数

参数功能	参数名称	参数说明
Arming check（解锁检查）	ARMING_CHECK	允许启用或禁用接收机、加速度计、气压计和罗盘的解锁前自检。默认=启用
Acro Axis（特技轴）	AXIS_ENABLE	用于当杆释放时，特技模式是否保持当前角度的控制（Enabled = 保持当前角度）。默认（Default）= 启用

参数功能	参数名称	参数说明
Battery Current Sensing Pin（电池电流传感引脚）	BATT_CURR_PIN	设参数为0～13，启用电池电流传感引脚对应APM板的A0～A13。默认=A2
Battery Monitoring（电池监控）	BATT_MONITOR	启用/禁用电池的电压电流监控。默认=禁用
Battery Voltage Sensing Pin（电池电压传感脚）	BATT_VOLT_PIN	设参数值为0～13，启用电池电压传感引脚，对应APM板的A0～A13。默认=A1
Camera shutter（trigger type）[照相机快门（触发式）]	CAM_TRIGG_TYPE	如何触发照相机快门。默认=舵机
通道7选项	CH7_OPT	如果通道7高于1800PWM，选择其功能。默认=保存
通道8选项	CH8_OPT	如果通道8高于1800PWM，选择其功能。默认=保存
Circle radius（圆弧半径）	CIRCLE_RADIUS	定义了在Circle模式下，飞行器飞的圆形区域的半径。默认=10
Circle rate（转角速率）	CIRCLE_RATE	该模式下转弯的角速度，单位：角度/秒。正的表示顺时针转动，负的表示逆时针转动。默认=5
Compass Declination（磁偏角）	COMPASS_DEC	用来补偿真实的北方向和磁北方同的弧度角。默认=0.251（在作者的区域）
Action to perform when the limit is breached（超出地理范围限制所执行的动作）	FENCE_ACTION	当超出地理围栏时，采取的动作（返航或降落或只是报告）。默认=返航或降落
Fence Maximum Altitude（地理围栏最大高度）	FENCE_ALT_MAX	在触发地理围栏前，可以正常飞行的最大高度。默认=100

续表

参数功能	参数名称	参数说明
Fence enable / disable（启用/禁用地理围栏）	FENCE_ENABLE	围栏的启用（1）或禁用（0）。默认=禁用
Fence Type（围栏类型）	FENCE_TYPE	启用某些地理栏类型，位掩码（无、高度、圆、高度和圆）。默认=高度和圆
Enable Optical Flow（启用光流）	FLOW_ENABLE	1=启用光流。 默认=0=禁用
飞行模式1	FLTMODE1	当5通道PWM < 1230 时启用此飞行模式。默认=自稳模式
飞行模式2	FLTMODE2	当5通道1230 < PWM <=1360时启用此飞行模式，默认=自稳模式
飞行模式3	FLTMODE3	当5通道1360 < PWM <=1490时启用此飞行模式，默认=自稳模式
飞行模式4	FLTMODE4	当5通道1490 < PWM <=1620时启用此飞行模式，默认=自稳模式
飞行模式5	FLTMODE5	当5通道1620 < PWM <=1749时启用此飞行模式，默认=自稳模式
飞行模式6	FLTMODE6	当5通道PWM < 1750时启用此飞行模式，默认=自稳模式
Frame Orientation（框架结构定位）+，X或V	FRAME	多轴飞行器混合电机控制（并不适用于三旋翼及传统直升机）默认=X
Battery Failsafe Enable（启用电池失效保护）	FS_BATT_ENABLE	当电池电压或电流过低时，控制飞机是否采取电源失效保护。默认=禁用
Ground Station Failsafe Enable（启用地站失效保护）	FS_GCS_ENABLE	当飞机失去与地面站联系时间超过5s时，控制飞机是否采取失效保护（同时采取什么行为）。默认=禁用
GPS Failsafe Enable（启用电池失效保护）	FS_GPS_ENABLE	信号丢失时，控制飞机是否采取失效保护。默认=禁用

四旋翼无人机的制作与飞行

续表

参数功能	参数名称	参数说明
Throttle Failsafe Enable（启用油门失效保护）	FS_THR_ENABLE	油门失效保护，可以设置油门的输入通道，从而配置软件失效保护的激活。默认=禁用
Throttle Failsafe Value（启用油门失效保护阈值）	FS_THR_VALUE	通道3的PWM水平，低于可触发油门失效保护值。默认=975
Land Speed（降落速度）	LAND_SPEED	最终着陆阶段的下降速度，以厘米每秒为单位。默认=50
Copter LED Mode（飞行器LED模式）	LED_MODE	用位图控制飞行器LED模式。默认=启用
Loiter Latitude Rate Controller D Gain（悬停纬度变化比例控制器D增益）	LOITER_LAT_D	悬停纬度变化比例控制器D增益短时间所需的速度和实际速度的变化补偿。默认=0.4
Loiter Longitude Rate Controller I Gain（悬停经度变化比例控制器I增益）	LOITER_LAT_I	悬停经度变化比例控制器I增益。纬度方向，长时间经度方向所需的速度和实际速度的差异补偿。默认=0.5
Loiter Longitude Rate Controller I Gain Maximum（悬停经度变化比例控制器I增益）	LOITER_LAT_IMAX	悬停经度变化比例控制器I增益最大值限制了I增益输出的倾斜角度。默认=4.0
Loiter Longitude Rate Controller P Gain（悬停经度变化比例控制器P增益）	LOITER_LAT_P	悬停经度变化比例控制器P增益将所需的速度和实际速度之间的差异转换为经度方向的倾斜角度。默认=1.0
Loiter Longitude Rate Controller D Gain（悬停纬度变化比例控制器D增益）	LOTTER_LON_D	悬停经度变化比例控制器D增益。短时间所需的速度和实际速度的变化的补偿。默认=0.4

续表

参数功能	参数名称	参数说明
Loiter Longitude Rate Controller I Gain（悬停经度变化比例控制器I增益）	LOTTER_LON_I	悬停经度变化比例控制器I增益。纬度方向，长时间经度方向所需的速度和实际速度的差异补偿。默认 = 0.5
悬停经度变化比例控制器I增益最大值	LOTTER_LON_IMAX	悬停经度变化比例控制器I增益最大值限制了I增益输出的倾斜角度。默认 =4.0
悬停经度变化比例控能器P增益	LOTTER_LON_P	悬停经度变化比例控制器P增益将所需的速度和实际速度之间的差异转换为在经度方向的倾斜角度。默认=1.0
Low Voltage（低电压）	LOW_VOLT	设置电压为希望的低电压值。默认=10.5
启用罗盘	MAG_ENABLE	1=启用罗盘，0=禁用罗盘。默认 = 1=启用
Maximum Pan Angle［云台相机最大物理（偏航）角]	MNT_ANGMAX_PAN	云台相机机架最大物理（偏航）角，单位：度。默认 = 45
Maximum Roll Angle（最大Roll角）	MNT_ANGMAX_ROL	云台相机机架最大物理（偏航）角，单位度。默认 =45
Maximum Tilt Angle（最大倾斜角）	MNT_ANGMAX_TIL	云台相机机架最大倾斜角，单位度。默认 =45
Minimum Pan Angle［云台相机最小物理（偏航）角]	MNT_ANGMIN_PAN	云台相机机架最小物理（偏航）角，单位度。默认 =-45
Minimum Roll Angle（最小滚转角）	MNT_ANGMIN_ROL	云台相机机架最小滚转角，单位度。默认 =-45
Minimum Tilt Angle9（最小倾斜角）	MNT_ANGMIN_TIL	云台相机机架最小倾斜角，单位度。默认 =-45
Mount Joystick Speed（操纵杆机架速度）	MNT_JSTICK_SPD	0表示位置控制，较小值表示低速，10表示最大速度。默认 =0
Mount Operation Mode（挂载操作模式）	MNT_MODE	相机或天线座的操作模式。默认 =retract

续表

参数功能	参数名称	参数说明
Mount Roll Angle when in neutral position （在中立位置时，相机云台滚转角度）	MNT_NEUTRAL_X	在中立位置时，相机云台滚转角度。默认 =0
Mount tilt / pitch angle When in neutral position （中立位置时，相机云台倾斜 / 俯仰）	MNT_NEUTRAL_Y	中立位置时，相机云台滚转角度。默认 =0
Mount pan / yaw angle when in neutral position（中立位置时，相机云台pan / yaw）	MNT_NEUTRAL_Z	中立位置时，相机云台滚转角度。单位度。默认 =0
Pan（yaw）RC输入通道	MNT_RC_IN_PAN	控制相机云台pan移动的无线电通道。默认 =0= 禁用
Roll RC input channel（Roll RC输入通道）	MNT_RC_IN_ROLL	控制相机云台Roll移动的无线电通道。默认 =0= 禁用
Tilt（pitch）RC输入通道	MNT_RC_IN_TILT	控制相机云台pitch/tilt移动的无线电通道，默认 =0= 禁用
Mount roll angle when in retracted position（在收回位置，相机云台滚转的角度）	MNT_RETRACT X	在收回位置，相机云台翻滚的角度。默认 =0
Mount tilt / pitch angle when in retracted position（在收回位置，相机云台倾斜/俯仰角度）	MNT_RETRACT_Y	在收回位置，相机云台倾斜/俯仰角度的角度。默认 =0
Mount yaw / pan angle when in retracted position（在收回位置，相机云台倾 yaw/pan 角度）	MMT_RETRACT_Y	在收回位置，相机云台 yaw/pan 角度。默认 =0

续表

参数功能	参数名称	参数说明
Stabilize mount pan / yaw angle（自稳平台 pan/yaw 角度）	MNT_STAB_PAN	1=启用相对地球稳定偏航。默认 =0= 禁用
自稳平台 Roll 角度	MNT_STAB_ROLL	1=启用相对地球稳定偏航。默认 =0= 禁用
Stabilize mount pinch/ tilt angle（自稳 pitch/tilt 角度）	MNT_STAB_TILT	1=启用相对地球稳定偏航。默认 =0= 禁用
飞手最大垂直速度	PILOT_VELZ_MAX	飞手可以请求的最大垂直速度，单位 cm/s。默认 =250
Pitch Axis Rate Controller D Gain（pitch 轴速度控制器 D 增益）	RATE_PIT_D	俯仰轴速度控制器 D 增益，补偿了短时间 pitch 所需的速度与实际 pitch 速度的变化。默认 = 0.004
Pitch Axis Rate Controller I Gain（pitch 轴速度控制器 I 增益）	RATE_PIT_I	俯仰轴速度控制器 I 增益，修正长期俯仰所需要的速度与实际俯仰速度的差别。默认 = 0.05
Pitch Axis Rate Controller I Gain Maximum（pitch 轴速度控制器 I 增益最大值）	RATE_PIT_IMAX	Pitch 轴速度控制器 I 增益最大值。约束最大电动机的 I 增益输出。默认 = 500
悬停经度变化比例控制器 P 增益	RATE_PIT_P	Pitch 轴速度控制器 P 增益将所需的 Pitch 速度和实际 pitch 速度之间的差异转换为电机速度输出。默认 = 0.08
Roll 轴比例控制器 D 增益	RATE_ROLL_D	Roll 轴变化比例控制器 D 增益，短时间所需 Roll 和实际 Roll 的变化补偿。默认 =0.004
Roll Axis Rate Controller I Gain（Roll 轴比例控制器 I 增益）	RATE_RLL_I	Roll 轴比例控制器 I 增益，修正长期俯仰所需要的 Roll 与实际 Roll 的差别。默认 =0.05

四旋翼无人机的制作与飞行

续表

参数功能	参数名称	参数说明
Roll Axis Rate Controller I Gain Maximum（Roll轴比例控制器I增益最大值）	RATE_PIT_IMAX	Roll轴比例控制器I增益最大值，约束最大电动机的I增益输出，默认=500
Roll Axis Rate Controller P Gain（Roll轴比例控制器P增益）	RATE_RLL_P	Roll轴比例控制器P增益将所需的Roll和实际 Roll之间的差异转换为电机速度输出。默认=0.08
Yaw Rate Controller D Gain（Yaw 比例控制器D增益）	RATE_YAW_D	Yaw轴变化比例制器D增益，短时间所需的Yaw和实际Yaw的变化补偿。默认=0.00
Yaw Axis Rate Controller I gain（Yaw轴比例控器I增益）	RATE_YAW_I	Yaw轴比例控制器I增益，修正长期俯仰所需要Yaw与实际Yaw的差别。默认=0.015
Yaw轴变化比例控制器I增益最大值	RATE_YAW_IMAX	Yaw轴变化比例控制器I增益最大值，约束最大电动机的I增益输出。默认=800
Yaw Axis Rate controller P gain（Yaw轴比例控器P增益）	RATE_YAW_P	Yaw比例控制器P增益，将所需的Yaw和实际Yaw′之间的差异转换为电机速度输出。默认=0.2
Servo out function（舵机输出功能）	RC10_FUNCTION	除0以外的任何值皆有其相对应的功能。默认=0=禁用
Servo out function（舵机输出功能）	RC11_FUNCTION	除0以外的任何值皆有其相对应的功能。默认=0=禁用
Servo out function（舵机输出功能）	RC12_FUNCTION	除0以外的任何值皆有其相对应的功能。默认=0=禁用
Servo out function（舵机输出功能）	RC5_FUNCTION	除0以外的任何值皆有其相对应的功能。默认=0=禁用
Servo out function（舵机输出功能）	RC6_FUNCTION	除0以外的任何值皆有其相对应的功能。默认=0=禁用

续表

参数功能	参数名称	参数说明
Servo out function（舵机输出功能）	RC7_FUNCTION	除0以外的任何值皆有其相对应的功能。默认=0=禁用
Servo out function（舵机输出功能）	RC8_FUNCTION	除0以外的任何值皆有其相对应的功能。默认=0=禁用
Servo out function（舵机输出功能）	RC9_FUNCTION	除0以外的任何值皆有其相对应的功能。默认=0=禁用
Receiver RSSI sensing pin（接收机RSSI传感器引脚）	RSSI_PIN	选择一个模拟脚作为接收机RSSI的电压。假定最高电压5V，最低电压0V。默认=禁用
返航高度	RTL_ALT	飞行器返回家之前的最低高度：设置为0，以当前高度返回。默认=15.00
最终返航高度	RTL_ALT_FINAL	在回家的最终阶段或是完成一个任务后，飞行器将会到达的高度。设置0为降落。默认=2.0
返航悬停时间	RTL_LOIT_TIME	在最终下降之前在家的位置上方悬停的时司，以毫秒为单位。默认=5000.00
Telemetry Baud Rate（数传波特率）	SERIA3_BAUD	通过遥测端口设置波特率，默认=57600
Enable SONAR（启用声呐）	SONAR_ENABLE	1=启用声呐。默认=0=禁用
声呐增益	SONAR_GAIN	当飞行器下面相对位置改变了，用于调整速度使飞机达到目标高度，从而改变了目标高度。默认=0.200
声呐类型	SONAR_TYPE	设置声呐类型。默认=XL-EZ0
启用超简单模式	SUPER_SIMPLE	1=启用超简单模式。默认=0=禁用
Telemetry Startup Delay（遥测启动延迟）	TELEM_DELAY	长延时（单位秒）用于延时数传，以保护开机时Xbee bricking。默认=0

四旋翼无人机的制作与飞行

参数功能	参数名称	参数说明
Enable Accel based Throttle Controller （启用基于 Accel 油门控制器）	THR_ACC_ENABLE	允许启用和禁用基于加速度计的油门控制器。如果禁用，将启用基于 velocity 的控制器。默认=启用
Maximum Throttle （最大油门）	THR_MAX	最大油门会被输入到电机。默认=1000
Throttle Mid Position （中间油门）	THR_MID	当油门推杆在中间位置时，油门输出为0～1000。用于手动油门，继而油门推杆回中后可保持接近悬停油门大小。默认=500
Minimum Throttle （最小油门）	THR_MIN	最小油门会被输入到电机，维持旋转。默认=130
通道6调试	TUNE	发射器第6通道，选择控制哪个参数（一般说来是 PID gains）被调试。默认=CH6_NONE=禁用
Waypoint Acceleration （航点加速度）	WPNAV_ACCEL	定义了水平加速度，单位cm/(s×s)，在"自动"任务中。默认=250
Loiter Horizontal Maximum Speed （悬停水平最大速度）	WPNAV_LOIT_SPEED	定义了在悬停模式中，飞行器水平飞行的最大速度默认=750
Waypoint Radius （航点半径）	WP_RADIUS	定义当超过航点时应该返回的距离，单位：m 默认=2
Waypoint Horizontal Speed （朝目标水平速度）	WPNAV_SPEED	定义了飞行器在WP任务中尝试保持水平速度，单位cm/s。默认=500
Waypoint Descent Speed Target （朝目标下降速度）	WPNAV_SPEED_DN	定义了飞行器在WP任务中尝试保持上升速度，单位cm/s。默认=500
Waypoint Climb Speed Target （朝目标上升速度）	WPNAV_SPEED_UP	定义了飞行器在WP任务中尝试保持下降速度，单位cm/s。默认=250

5.1.2　地面站常见的报错提示及解决方法

第一次解锁，接上MP后看着HUD（飞行数据）的界面如图5-1
所示：

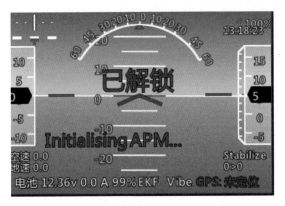

图5-1　MP中的HUD状态显示窗口

一般情况下解锁不成功会出现的报错信息和解决方法见下。

报错信息	解决方法
❶ RC not calibrated（遥控器未校正）。	需要校正遥控器。
❷ Compass not calibrated（罗盘未校正）。	需要校正罗盘。
❸ Compass not healthy（罗盘硬件出现故障）。	可能是飞控损坏或者外置罗盘损坏。
❹ Compass offsets too high（罗盘3个轴校正后的数据太高）。	校正后罗盘X、Y、Z三个值的开平方根（$\sqrt{x^2+y^2+z^2}$）如果大于500就表示罗盘被干扰了，需要再进行一次罗盘校正。建议尽量使用外置的罗盘避开APM飞控内部的各种干扰。
❺ Check mag field（飞行器周围存在磁场干扰）。	需要再做一次罗盘校正，或者换个飞行地点。

报错信息	解决方法
❻ Compasses inconsistent（内置和外置罗盘安装时指向的方向不相同，差角大于45度）。	应该保持罗盘方向和飞控方向一致（或者修改compass_orient参数）。
❼ GPS Glitch（GPS出现故障）。	可能是GPS损坏。
❽ Need 3D Fix（GPS没有完成定位设置）。	如果设置电子围栏或是在悬停模式解锁，一定要进行成功定位后才能解锁。
❾ Bad Velocity（地速大于50cm/s）。	
❿ High GPS HDOP GPS的HDOP（水平精度因子）< 2.0。	该系数可通过修改GPS_HDOP_GOOD参数值进行配置。如果设置电子围栏或是在悬停模式解锁，HDOP的精度没达标不能解锁。
⓫ Baro not healthy（气压计出现故障）。	可能是气压计损坏。
⓬ Alt disparity（气压计读数有差异）。	不要移动飞行器
⓭ INS not calibrated（加速计没有校正）。	需要校正加速计。
⓮ Accels not healthy（加速计出现故障）。	可能是加速计损坏。
⓯ Accels inconsistent（加速计出现读数不一致）。	
⓰ Gyros not healthy（陀螺仪出现故障）。	
⓱ Gyro cal failed（陀螺仪校正出错）。	
⓲ Gyros inconsistent（两个陀螺仪读数不一致）。	
⓳ Check Board Voltage（给飞控供电电压未能够保持在4.5伏与5.5伏之间）。	可能是飞控给太多电子设备供电，造成飞控电压过低。

报错信息	解决方法
❷⓿ CHECKFS_THR_VA（油门失控保护）。 ❷❶ 飞行器解不了锁 ❷❷ 解锁不成功也可能是由于所选飞行模式不正确	需检查遥控器的油门保护是否合理。 还有可能是由于飞行器放置的位置不水平，导致传感器自检没有通过。 只有在自稳模式（Stabilize）、特技模式（ACRO）、定高模式（AltHold）、悬停模式（Loiter）才能解锁

5.2　无人机装机

5.2.1　机架强度对飞行的影响

机架是多旋翼无人机的主体框架，它主要由中心板、力臂和脚架组成。机架的好坏可以从坚固程度、轻便程度、布局合理性等方面衡量。多旋翼机架从两轴到十多轴都有，在相同机身材质和机臂规格的情况下，一般轴数越多，机身负载越大，结构也越复杂。

机架的选择首先取决于用途。价值上万的相机一般不会装在简单的三旋翼机身上，同样八旋翼的机身也不会用来做特效飞行。对新模友来说最好保证以下两点：①组装越简单越好，②重量越轻越好。

机架材料常见的有塑料、玻纤维、碳纤维等。

玻纤材料是以玻璃纤维作为增强材料，树脂及填充剂作为基础物质的复合材料。碳纤材料是以碳纤维作为增强材料，树脂及填充剂作为基础物质的复合材料。碳纤维的强度优于玻纤维，且重量更轻，但价格比玻纤维贵不少。

从外观看，玻纤维是白色的，碳纤维是黑色的。在实际的板材上，玻纤维是黄色的，碳纤维是黑色的。有的玻璃纤维表面有黑色绝缘漆，有时不易与碳纤维区分。但碳纤维里外都是黑的，而玻璃纤维内部则是白色的，我们可以从外面看刀口的颜色来区分。

玻纤维和碳纤维机架虽好，但手工刻板较难，喜欢自己设计机架的模友可以做好图纸，让碳板加工厂帮忙加工。对刚刚加入进来的模友来说，F450这样的塑料机架也是不错的选择，便宜又耐操作。

镂空过多、中心板薄、电机臂碳管过小的机架会带来无法消除的震动，使航拍画面产生水波纹。产生的信号噪声还可能影响飞控姿态数据的采集和动力输出。

5.2.2　无人机的重心对飞行的影响

模型飞机各部分重力的合力作用点称为重心。传统的重心位置是要稍高于桨平面，重心过低并没有优势。机身及配件组装完成后，可以用两把螺丝刀为起具，抬起中心板横向两边中轴，以中心板水平抬起为准，调节飞行器中心板以达到平衡状态，避免因重心问题导致的额外动力开销。

飞控大体位于机身的重心位置（不论是水平方向还是竖直方向），也就是说飞控需要在机身中央的数个厘米之内。这不是必须的要求，但是越接近越好。另外使用减震球也是必要的。

5.2.3　无刷电机的性能对飞行器的影响

无人机电机伴随着无人机从航模时代一起发展，在很大程度上支撑了无人机越来越高的性能要求。不管是精度、稳定性还是可靠性等方面都有了很大提升。那么无人机电机是如何对无人机整体性能产生影响的呢？

（1）电机的振幅对无人机有影响

现在市面上出售的消费级无人机一般使用的电机都是交流无刷电机。相比于过去的有刷电机来说，其寿命得到了大幅度的延伸，但也有很多技术难题需要攻克。机器在运行过程中，无人机电机会产生强烈的振动进而影响到无人机的平稳性。优秀的无人机电机在减震控制上一定表现突出，能稳定陀螺的输出，减少角度变化从而让无人机稳定运行。

（2）电机的系统对无人机有影响

无人机现在最受关注的功能就是悬停航拍。这一性能需要归功于无人机电机的微机电系统能够检测到无人机在运行过程中的各种角度变化。而无人机电机的控制系统根据这些角度变化来控制电机的行动，进而让无人机稳定。专业的无人机电机系统能够让无人机的速度和方向控制更加精准，同样能让无人机更加良好运行。

（3）电机的绕圈质量对无人机有影响

除了系统和振幅的影响外，无人机电机在绕圈质量上同样对无人机性能起直接作用。线圈质量越好，电机的输出功率越高。绕线数量的改动也会影响无人机的性能。一般来说，市面上比较高效率的无人机电机采用的都是人工绕线的绕圈方式，能够尽可能提高电机的输出功率。

以上就是无人机电机对无人机性能起作用的三个方面。现在消费级无人机已经进入了人们的生活，而更多的人士开始对专业级无人机提出了更高要求，这也需要更好的无人机电机性能和更高的控制要求。

5.3　无人机调试

5.3.1　PID参数对无人机飞行状态的影响

PID控制是将误差信号的比例P、积分I、微分D通过线性组合构成控制量，称之为PID控制。其中比例单元是必不可少的，但是在很多情况下，往往不一定需要全部的P、I、D三个单元。

PID控制器难点在于参数的整定，但是很多情况下我们可以直接根据系统的时域响应来调节这三个单元的参数。

说明：对于一般的控制系统，我们希望通过微分环节D的作用（需要比例环节P的配合）而产生一定的超调量，进而增加控制的快速性。但是控制无人机系统是不能出现超调现象的。因此以下在讨论微分环节D的作用时，都是以系统稳定并且不超调为前提（所以下面关于微分环节的有些论述可能看似与经典控制理论有些不同）。

① 比例环节（P）

直接将误差信号放大或缩小。将比例环节参数增大可以提高响应速度并且减小稳态误差。但是快速性和稳定性总是矛盾的，增大比例系数的同时，系统的稳定性会逐渐降低。系统有可能会出现超调、震荡、甚至发散。因此合适的比例增益是要在保证稳定的前提下提高快速性。

② 积分环节（I）

从积分的定义可知，该环节是将误差不断进行累积，可实现消除稳态误差的目的。积分环节系数越大，积分作用越强，稳态误差消除也越快。但是由此带来的问题是容易产生积分饱和现象，出现大的超调并延缓系统进入稳态的速度。

③ 微分环节（D）

这是一个超前环节，提前预知控制量是该减少还是该增加，避免造成超调、震荡。因此增大该环节增益有助于提高系统的稳定性和快速性，但是如果调节过度就有可能产生超调或震荡。要注意微分环节对噪声信号将产生放大作用。

（1）对自动控制系统的要求就是稳准快

稳定性：适当的P和I确保系统的稳定性，不超调情况下D值能够提高系统稳定性。在平衡状态下，系统受到某个干扰，经过一段时间，其被控量可以达到某一稳定状态。

准确性：P和I提高稳态精度，D无作用。系统处于稳态时，尽量减小稳态误差小。

快速性：P和D提高响应速度，I降低响应速度。

图5-2为PID控制系统的结构图。

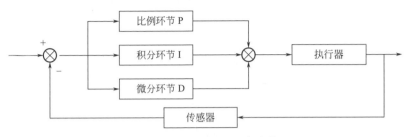

图5-2 PID控制系统结构

简单而言一个控制系统就是通过减少偏差数值来控制被控量。控制器本身就是比例P，积分I，微分D这三个环节的并联形式。由图5-2可知，PID控制就是对偏差进行采集、计算、决策出控制量的过程。

如果偏差为零，则比例环节不起作用。只有存在偏差时，比例环节才起作用。

积分环节主要用来消除静差（系统稳定后输出值和设定值之间的差值）。积分环节实际上就是偏差累积的过程，对累计的偏差进行处理以消除静差。

微分信号则反映了偏差信号的变化规律，或者说是变化趋势。根据偏差信号的变化趋势来进行超前调节，从而增加系统的快速性。

（2）PID在四轴无人机中的作用

P控制多轴飞行器对角度变化的响应速度和力度。它产生一个目标位置跟当前位置的角度偏差大小成正比的矫正力量。P产生的控制是I和D的控制基础。P值越大，校正力量越大，校准速度越快。在较大的P值作用下，对任何外部试图偏转飞行器的企图，都会产生一个非常强的阻挡力量。

如果随着P值过高，校准力量过大，角度矫正就会过头。过头后需要相反的力量来校准，这就有可能会造成震荡效应。有可能由于矫正过头而让多轴飞行器变得完全不稳定。

因此，增加P值，飞行器自稳能力会变得更好，直到P值过高，飞行器会产生震荡和失去控制。而减小P值，多轴飞行器的自稳能力下降，飞行器容易漂移；直到P太低，飞行器会变得非常不稳定。

比例环节P的总结：特技飞行需要稍微高一点的P值，温和平稳飞行需要较低的P值。

I控制是根据当前位置和目标位置的角度偏差的累积，提供一个可变的校准力量。角度偏差越大或者偏差的累计时间越长，这个校准力量越大。I在有系统误差和外力作用时，可消除偏差以提高精度。但是要注意对积分所得的值应该有所限制，以防积分值变得太大。

增加I值会让飞行器的自稳能力更强，能减少由于机架不平衡等原因导致的漂移，但也会降低多轴飞行器对角度变化的响应速度。过大的I会让飞行器产生过冲，甚至振荡。减小I值能提高飞行器对角度变化的反应（P值在起作用），但是会增加漂移和减少保持原来位置的能力。

积分环节I的总结：特技飞行需要较高的I值。

在确保不超调的情况下，D值能够抑制P和I调节时产生的过冲和振荡，也可以适当抵抗外界的突发干扰，阻止系统的突变。增加D值能降低多轴飞行器的角度快速变化，抑制飞行器过冲和振荡。减少D值，能提高多轴飞行器对角度快速变化的响应速度。

微分环节D的总结：特技需要小一点的D值，温和平稳飞行需要增大D值。

5.3.2 常见的非理想飞行状态及其调试方法

（1）四旋翼起飞时发生自转

如图5-3所示，根据前面提到的四旋翼无人机螺旋桨的动力原理，四旋翼在起飞时如果发生顺时针自转，表示1号、2号电机产生的动力大于3号、4号电机。如果是开启了cf（无头功能）的飞控，开始起飞时会产生自转，用于调整航向。如果是没有开启cf功能的飞控，一般的解决办法如下：

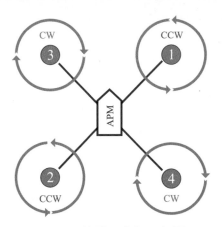

图5-3　四旋翼无人机飞行原理

① 检查桨是否装反，桨是否平衡；

② 检查电机是否水平放置，电机的旋转方向是否与图5-3一致；

③ 检查电调与飞控的连接是否正确；

④ 电调的油门行程是否调整一致（每次更换飞控的时候，都需要重新校准油门行程）。

⑤ 飞控连接电脑，重新调试各遥控通道参数。

（2）四旋翼起飞时发生漂移

对飞控进行水平测试时，在刚接通电源的时候需要把四旋翼水平放置，否则飞控水平测试不准，自稳功能会导致起飞漂移。

（3）四旋翼飞行后有一个电调发热

发热的电调是给飞控供电的电调，所以是正常现象。

参考文献

[1] 贺翔. 四旋翼无人飞行器双闭环 PID 控制器设计. 制造业自动化，2015，18：33-36.

[2] 鲍凯. 玩转四轴飞行器. 北京：清华大学出版社，2015.

[3] 冯新宇，范红刚，辛亮. 四旋翼无人飞行器设计. 北京：清华大学出版社，2017.

[4] 戴凤智，海玉，秦柱伟. Arduino 轻松入门. 北京：化学工业出版社，2015.

[5] 王贵山，刘亚茹. 四旋翼四轴飞行器设计. 河南科技，2013，22：104.

[6] 张广玉，张洪涛，李隆球，王林. 四旋翼微型飞行器设计. 哈尔滨理工大学学报，2012，3：114-118.